シソ・エゴマから
セトエゴマへ

本多義昭

東京図書出版

は じ め に

わが国で漢方薬が見直されるようになって久しい。漢方薬のもととなるのは、多くが草根木皮で、天然物由来の生薬である。生薬を、疾病治療に使われる"薬物"という観点から見ると、化学薬品とは根本的ともいえる違いがある。それは、化学薬品は単一化合物で、純度が品質・力価を決定するが、生薬は多様な活性化合物の混合物であるので、その品質は化合物薬品のように単純には決められないという点である。また、生薬一つを取ってみても、原植物は何か、植物体のどの部分を使うか、またそれをどのように調整するかなど、品質を左右する要因は様々で、化学薬品とは異なる基準もある。

生薬を調整する際に、原植物の中でも特定の形質をもつ系統を使うよう指示されることがしばしばある。これは、生物種にとって、遺伝的多様性は生き残り戦略の一つとして重要な要素であるが、薬物としてみれば、その多様性、特に成分的な変異や多様性は、その品質や功能・効果を左右する負の要因ともなり得るものだからである。しかしながら、現在でも多くの生薬が自然からの採集品に依っており、たとえ栽培化されているものであっても、遺伝・育種による品質の制御が可能となっているものは限られている。薬用植物は生物学的研究を進めるための基盤となる情報の絶対量が不足しているのである。

本研究で取り上げたシソは、われわれの日常の食卓を彩る香辛野菜として、梅干しや柴漬けなどの漬け物用や刺身の褄などに大量消費されている。また生薬「紫蘇葉」は、赤色で芳香のあるものが薬用に用いられ、半夏厚朴湯や参蘇飲など漢方医学で言う「気」を制御する処方に入れられる薬物の一つでもある。しかし、シソにはアカジソとアオジソとがあり、香気もいわゆる「シソ臭」以外のものもあり、多くの変異が認められる。また、近縁のエゴマは、かつては重要な油糧作物であったが、現在はα–リノレン酸含有の健康食品として見直されている。これらのシソやエゴマに見られる変異は、人が長年栽培し続けてきた結果、

蓄積されてきたものである。

　筆者らが本研究をスタートさせたとき、シソの実験遺伝学研究は殆ど見当たらなかった。本書で紹介するように、かなりの歳月をかけて、シソとエゴマの諸形質の遺伝制御の全体像が概観できるようになった。研究の一部は、シソ属新野生種の発見や日本産シソ属の再分類という予期しない方向にも展開したが、これらは地道に足元を見続けて見えてきたものである。

目　次

はじめに I

第1章　シソとエゴマの多様性 7

1．形態 8
　　a．葉・茎
　　b．花
　　c．痩果

2．品種 11
　　a．シソの品種
　　b．エゴマの品種

第2章　シソとエゴマの遺伝学 15

1．交配実験 16

2．アカジソ、アオジソ、カタメンジソ 19

3．精油型 25
　　a．精油型各種の成分
　　b．遺伝解析
　　c．主な精油型発現の構図
　　d．精油型各種のサブタイプ
　　e．レモンジソの出現
　　f．遺伝制御機構の再検討
　　g．遺伝子GとHの支配部位

4．がくにおける精油生成の遺伝子支配 37

5．腺鱗の少ないシソ 40

6．チリメンジソとオオバジソ 44

7．分果の硬さと色調の遺伝 46

   a．硬さ

   b．色調

   c．機械組織との関係

第3章　わが国のシソ属野生種について 54

1．レモンエゴマ 55

   a．発見者は牧野富太郎

   b．レモンエゴマの再検討

   c．レモンエゴマはシソとエゴマの祖先種の一つ

2．トラノオジソ 62

3．「セトエゴマ」 65

4．類縁関係を探る 68

第4章　シソ *Perilla* 属植物の再考 73

1．日本産シソ属の再分類 73

2．国外のシソ属植物 76

   a．標本調査から

   b．台湾のレモンエゴマ

   c．済州島のエゴマ

   d．インドシナのシソ属植物

3．シソの祖先種について 82

ちょっと脇道1　珍しいシソの香り 8

ちょっと脇道2	百姓伝記のシソとエゴマ	13
ちょっと脇道3	純系の重要性	16
ちょっと脇道4	動くシソの柱頭	18
ちょっと脇道5	植物体全体に色素を貯める植物	24
ちょっと脇道6	ケモタイプ	27
ちょっと脇道7	シソの鎮静作用成分を追う（問題）	39
ちょっと脇道8	シソの鎮静作用成分を追う（答え）	43
ちょっと脇道9	回回蘇	43
ちょっと脇道10	不稔のF1植物の維持	55
ちょっと脇道11	牧野富太郎博士のこだわり	57
ちょっと脇道12	ゴルフ場の脅威	68
ちょっと脇道13	シソとエゴマの学名	68
ちょっと脇道14	コルヒチン処理	72
ちょっと脇道15	エゴマ油	82
ちょっと脇道16	セトエゴマは絶滅危惧種	84

おわりに	85
謝　辞	86
参考文献	87
図表説明	90

第1章　シソとエゴマの多様性

　われわれは、何とはなしにシソとエゴマを区別、認識している（図1）。しかし、この両者はいったいどこに大きな違いがあるのだろうか。シソやエゴマを集めて観察すると、それぞれにかなり多様な変異があり、なかにはシソともエゴマともいいがたいものもある。表1に、よく取り上げられるシソとエゴマの特徴点を挙げてみた。例えば、シソには日本人に馴染みのいわゆる「シソの香り」があり、エゴマには別な「エゴマ臭」があって、香りが違っているといわれる。しかし、実際には「シソの香り」のあるエゴマや、「エゴマ臭」をもつシソも存在する。あとでも述べるように、この香りの違いは限られた少数の遺伝子の優劣関係で決まる形質で、香りはシソとエゴマを分ける決定的な要素ではない。また、その他の「シソ性」、「エゴマ性」を示すものとして挙げられる形態的な特徴なども、すべてが単独ではシソとエゴマを分ける決定因子ではない。

図1　シソとエゴマの花穂
A：シソ（No. 32）、B：エゴマ（No. 12）

表1　シソとエゴマの特徴

性状	シソ	エゴマ
茎の毛	短い〜長い	長い
	疎生	やや疎〜密生
葉	広卵形、薄手	広卵形〜卵形、厚手
	平坦、時に縮緬状	平坦
	赤紫〜緑色	緑色
香気	シソの芳香	特有な刺激臭
		ナギナタコウジュ様の臭い
花穂	赤紫〜緑色	緑色
	花は疎に着生	花は密〜疎に着生
花冠	赤〜白色	白色
1000粒重	0.9〜1.6 g	2.0〜4.0 g

　目前の植物がシソかエゴマかという判断は、実際のところは、表1に挙げたような、「シソ性」あるいは「エゴマ性」といわれる要素を、どれだけ多く持っているかで下されるものなのである。

　それでは、シソとエゴマの形質について、少し詳しく見てみよう。

┌── ちょっと脇道1　珍しいシソの香り ──────────

　シソの香りは独特で、その本体はモノテルペン類のペリルアルデヒド perillaldehyde である。このシソの香りは、日本人の食卓にはありふれているが、実は同じ香りをもったものの存在は、殆ど知られていない。自然界では相当に珍しい部類に入る香りである。

└────────────────────────────

1．形態

a．葉・茎

　茎は方形、毛があり、シソでは比較的長い毛が疎生するが、エゴマで

は特に長くてしかも密生するものが多く、毛深い感じがする（図２）。草丈は、栽培すればおよそ１〜２ｍになるが、野生状態のものではせいぜい１ｍほどである。

　葉は節ごとに対生し、比較的長い葉柄を有し、広卵形〜心臓形で、先端部は尖っており、縁には鋸歯がある。エゴマの葉はシソの葉に比べて肉厚で頑丈である。またエゴマの葉は通常緑色であるが、裏面や表面の葉脈部分に赤色色素の生成が見られるものもある。シソには葉の両面に多量の色素を貯えるアカジソ、裏面のみが赤いカタメンジソ、両面ともに緑のアオジソがある。精油は葉の裏面に存在する腺鱗（図３）という特殊な器官中に貯えられている。

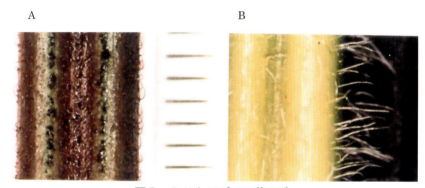

図２　シソとエゴマの茎の毛
Ａ：シソ（No. 32）、エゴマ（No. 11）

図３　シソの腺鱗
葉の裏面に一様に散在する（矢印の先）

b. 花

　穂状花序で、主茎のものは最も長く、咲きあがると10 cm程度になる。花の数は30～40個、花穂の長いものでは100個を超えることがある。エゴマの花穂はシソに比べて短く、花の着生もより密の傾向にある。花は対生するが、開花が近づくにつれ花柄が彎曲して片寄って咲く。大陸で栽培されるエゴマには、花柄が一方に片寄らず、四方に向いたまま開花、結実するものがある。また、花ごとに小苞葉がある。

　花冠は赤葉種では赤く、緑葉種では白色である。ただし、緑葉種の茎赤系統では淡赤色である。花冠の4唇のうち下唇は大きく、上唇は浅く2裂する（図4）。がくの辺縁は5裂し、上唇3、下唇2で密毛と多数の腺鱗を有し、4雄ずいの基部は花冠に付着、雌ずいの柱頭の先端は2分しており、受粉すると閉じる。開花の翌日花冠は落下する。

　自花受粉が主で、一部が他花受粉である部分他殖性である。筆者らが、アカジソとアオジソが混植されている畑で、袋かけせずに、自由に受粉 open pollination させて得た結果では、他殖率は10％以下であった。開花は多く午前中で、やくの開裂も早く、花冠の開裂時には受粉可能の状態である。開花は花穂の基部近くの花から始まり。上方に咲きあがってゆく。花穂の伸長は先端の花が開花すると止まる。がくは長さ7～

図4　シソの花

15mm、基部は筒状で4個の痩果をつけ、分果は成熟すると容易に脱落する。

c．痩果

　一般にタネと称しているものは、植物学的には果実で、1花に4個できる分果である。分果は類円形で、一端にへそがある（図5）。径1〜2.5mmで、概してシソよりエゴマのほうが大粒である。果皮は褐色〜黒褐色であるが、エゴマには灰白色のものもある。果皮中には維管束が網目状に走り、乾燥するとこれが隆起してしわになる。1000粒重はシソでは0.9〜1.6g、エゴマでは通常2〜4g、大粒のものでは5gを超えることもある。比重は0.75〜0.95である。果実は通常の取り扱いで壊れることはないが、エゴマの中には容易に破砕される軟弱な果実をつけるものがある。これは内果皮にある厚膜石細胞の発達の違いによる。種皮は特徴ある肥厚をした一層の細胞（わらじ状細胞）と胚乳組織とからなる（図6）。胚乳細胞中にはアリウロン粒と油滴が多量に含まれる。油は α-リノレン酸 α-linolenic acid を主成分とする乾性油である。

2．品種

a．シソの品種

　シソは一般に、葉の色でアカジソとアオジソ、葉が縮むか否かでチリメンジソ（crispa 型）とオオバジソ（arguta 型）に大別される。しかし、実際には、アカジソにも濃淡があり、縮みの程度や縮み方も一様ではな

図5　シソの分果

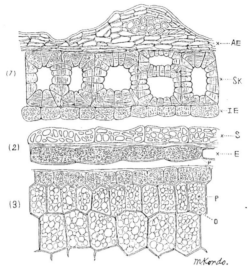

第 231 圖　荏 胡 麻　(*Perilla ocimoides* L.)
果實の横斷面　(1)…果皮，AE…外表皮及び柔組織，SK…厚膜細胞層，
IE…内表皮，(2)…種皮及び内胚乳，S…種皮，E…内胚乳の残物，
(3)…子葉組織，P…蛋白粒，O…脂油
(原 圖)

図6　エゴマ分果の解剖図
(近藤萬太郎、1934)

く、単純ではない。アカジソは主に漬け物用であるので色が重要視され、一方アオジソは生食されるので、香りに注意が払われる傾向にある（図1-A）。がくの形では、3裂する上唇の先がやや尖るものと、尖らず波形のものとがある。

b．エゴマの品種

　エゴマは各地で栽培され、諸形質にかなりの変異が見られる。しかし、それらはすべて在来種と総称されており、特徴があって、品種名がつけられてあるものはほとんど知られていない（図1-B）。

第1章　シソとエゴマの多様性

ちょっと脇道2　百姓伝記のシソとエゴマ

『百姓伝記』は、遠州横須賀藩内（現在の静岡県掛川市横須賀付近にあたる）で、1680〜1682年の間に著されたと推定されている。この書の作者は不明であるが、いわゆる伝記ものではなく、先人の伝えるところを記し、それに自らの経験を付け加えて述べたものであり、江戸時代前期の自給的農業の形態の全容を窺い知れる貴重な資料である。

　その巻十二　蔬菜耕作集には、次のように記されている。

　しそを作る事
　　しそを作るに土地にきらひなし。然ども土のかろき処は葉うすし。日かげ・ものかげもせい高くなりて葉うすし。両方ともにほひすくなし。種は九十月迄のうち実なる。取置べし。色々あり。くきも根もこいむらさきの色にして、葉は猶うらおもてなしにむらさきの色なるものよきなり。くきにも葉にも青みありて、こわきものあり。あしき種也。
　（古島敏雄校注『百姓伝記　下』岩波文庫本　1977年より）

　ここでは、シソの栽培条件や採種、種類の選別の要点が、簡潔明瞭に書かれている。

　また、巻十一　五穀雑穀耕作集には、エゴマについて次のように記されてある。

　荏（エゴマ）をつくる事
　　荏は蒔きたるは悪し。苗に伏せ植えたるが手まわし能ものなり。先苗をふせたるには春の土用を二三日もかけてふせよ。土用過十日十五日の内をかぎるべし。はやく植るをば春のひがんのうちにも苗をすえるなり。土地にきらひなくそだち安し。木

13

かげ・物かげの荏には油なし。新切畑をこしらえては、荏をま
きて葉を落とし、ひたもの耕作すれば上畑となる。荏のうちに
からのふとくてくろくみゆると、ほそくて白くみゆるとあり。
大荏・小荏と云。小荏にさや付事多し。重宝なるものなり。漆
にまぜ、ねり油に用るには、外の油なりがたし。また油あげを
するに風味能也。下説に荏の花おそくさく年は其国里大風吹と
云ひ伝へたり。また唐のきびの上根高くつよくさすといへり。
国々処々にて様々のためし有べし。

　ここでは、エゴマの栽培法や種類についての記述のほか、良い畑
を作るのに役立つとか、漆を練るのに適した乾性油だとか、油揚げ
によいとかの用途、あるいはまたエゴマの開花時期と台風に関する
俚諺が記されてある。エゴマは、多く寒冷地や山間地などにおける
焼畑と関係しているように思われているが、江戸時代前期には東海
地方の平野部でも作られていた。

第2章　シソとエゴマの遺伝学

　初めてシソとエゴマが交雑可能であると報告をしたのは、永井荷風の弟で九州帝国大学農学部教授であった永井威三郎である。[1] 論文「紫蘇と荏について」は1935年の『農業及び園芸』第10巻に掲載されたが、永井はこの研究でシソとエゴマの遺伝学的な関係を明らかにしようとした（図7）。筆者らが、遺伝解析に着手しようとした時、先行する論文は、この永井のものただ一つしか見あたらなかった。薬学の分野はもとより、農学の領域でも、マイナークロップ minor crop であるシソやエゴマの違いに着目した交配実験の結果など、だれもが関心を示さなかったということであろう。

図7　シソとエゴマの交配
（永井威三郎、1935）

1．交配実験

　交配実験を始めるにあたっては、まず全国各地から集めたシソやエゴマを、京都大原に借りた圃場で栽培した（図8）。そして、個々の系統について、形質の調査を行いつつ、袋かけによる自殖を繰り返して、主な形質が2世代以上にわたって変化のないものを純系として、保存系統とした（図9）（本稿で出てくる No. は、すべて実験に用いた系統番号であり、京都大学薬学研究科附属薬用植物園で系統保存されている）。

┄ ちょっと脇道3　純系の重要性

　純系の確立は遺伝解析や育種にとって、非常に重要なステップである。手元にある植物が遺伝的に固定された純系であるか否かは、その植物を自家受精させて得た種子を播いて、生えてきた植物体が元の親と変わりないか否かで判定される。もし、親が雑種であれば、生えた植物体の何本かに1本は違ったものが出てくる。出てくるものは劣性の形質をもった後代であるが、その形質が1個の優性遺伝子の支配によるものなら、優性：劣性＝3：1つまり4個に1個の割合で劣性のものが出てくる。したがって、最低4個の種子が必要となる。2個の遺伝子が関与している場合には優性：劣性＝15：1で、16個に1個の割合で劣性のものが出現する。3個の遺伝子の場合には、63：1となり、純系か否かの確認のためには、最低64個が必要となる。ただし、目的とする植物の種子の発芽率が100％で、形質の検定が可能になるまでにすべてが育ってくれるとは限らない。また、4個に1個が発現してくるとは言っても、選択した4個の種子のうちに劣性形質をもつ1個が入っているとは限らない。0かもしれない可能性もある。したがって、たいていの場合、必要最低数の数倍の種子を播種して、検定することになる。

第2章　シソとエゴマの遺伝学

図8　京都大原での栽培の様子

図9　袋かけによる自殖

次いで、その純系を用いて各種の交配実験による遺伝解析を行った。

　シソやエゴマの交配は、およそ次のように行う。まず、開花直前の花を選んで、筒状の花冠の縁をピンセットでつまみ、花冠を注意深く引き抜く。そうすると、花冠とともに花冠に癒着している５本の雄蕊が一緒に除かれて、雌蕊がむき出しとなる。その先端（柱頭部）に他の花の花粉を付け、袋かけをして、タネが成熟するのを待つ。

　ただし、この方法で得られるタネはすべてが交雑した個体ではない。先に述べたように、シソやエゴマは主として自家受粉で後代を残す部分他殖性である。開花直前の花では、雄ずいも雌ずいとほぼ同じ時期に成熟する。それで、この方法を注意深く行っても、自家受粉がかなりの確率でおこり得る。したがって、交雑に成功した個体を確実に識別できる方法が必要となる。それには、母親をアオジソとし、父親（花粉親）をアカジソとして、交配するのがもっともわかりやすい。その理由は、アカジソはアオジソに対し優性であるので、アカジソを花粉親、アオジソを母親として交配させると、真正の雑種第１代Ｆ1はアカジソとなる。交配実験で得られた種子を播種すると、交雑が成功したものであればアカジソが発現してくるが、アオジソなら自家受粉が行われた個体であると判断されるからである。

ちょっと脇道4　動くシソの柱頭

　ムラサキサギゴケのめしべの柱頭はへら状に２裂していて、そこに触れただけで見る間に閉じてしまう。このよく知られた仕組みは、柱頭に付いた花粉をしっかり捕捉して、逃がさないための仕組みである。同じシソ科に属するシソやエゴマも同様の仕組みを持っている。ムラサキサギゴケほど早くはないが、柱頭に花粉をつけると、だんだんと閉じてくるのが分かる。交配実験をする際、花冠を引き抜いてめしべの柱頭をむき出しにするのであるが、その時めしべの柱頭が閉じていれば、それはすでに受粉済という合図なのである。

２．アカジソ、アオジソ、カタメンジソ

　シソの赤紫色は、アントシアニン系色素によるもので、その研究は古くは近藤薫ら（1931）によって始められ、主色素成分はシソニンshisonin と命名された。[2] しかしアントシアニン系色素は単離すると不安定である。渡部らによりシソニンの構造が決定されたのは1966年になってからであった。[3] また、1989年の近藤らの研究によって、シソニンは真正の天然物ではなく、植物体中ではシソニンにマロン酸 malonic acid が結合した、マロニルシソニン malonylshisonin の状態で存在するということが示された[4]（図10）。

　アカジソとアオジソの基本的な違いは、葉が赤紫色か緑色かによる。アカジソとアオジソを交配させると、雑種第１代 F1 はアカジソとなる（図11）。この雑種第１代を育て、袋かけして自殖させて得たタネを播種すれば、雑種第２代（F2）ではアカジソとアオジソの両方が発現してくる（図12）。表２に No. 1 × No. 3 の場合の幼苗での F2 世代の分離の例を示す。またこの交配の場合、注意深く観察すると、葉が緑のアオジソの中に、茎が赤いものがあることがわかり、それは15分の１の割

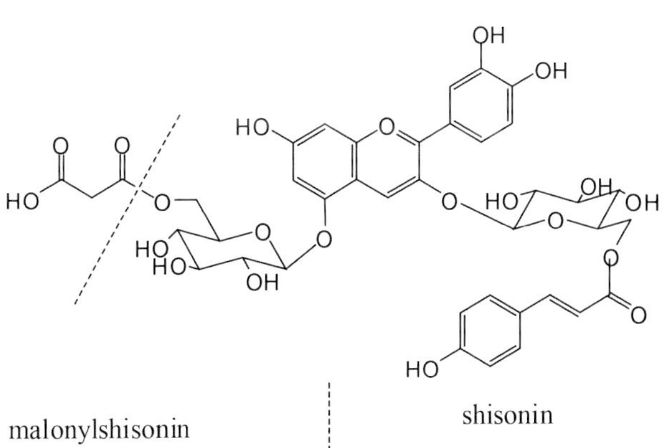

malonylshisonin　　　　　　　　　　shisonin

図10　マロニルシソニンとシソニン(破線より右の部分)

図11 アオジソ(No. 1、左上)、アカジソ(No. 32、左下)と両者のF1雑種(右)

図12 アオジソ×アカジソの雑種第2代F2の分離

第 2 章　シソとエゴマの遺伝学

表 2　アオジソ（No. 1）×アカジソ（No. 3）の雑種第 2 世代 F2 の分離

| 器官 | 器官の色 | | 期待値 | χ^2 | p |
	赤	緑			
葉	38	15	3：1	0.31	0.6-0.7
茎	49	4	15：1	0.15	0.6-0.7

合で出現していた（図13）。

　この結果は、アカジソ：アオジソ＝ 3： 1 で、アカジソが優性である。アカジソの発現に関与する遺伝子を A と置くと、両親であるアカジソは AA、アオジソは aa で表せ、得られた分離結果が説明できる。通常、アカジソでは植物体全体が赤紫色になる。また、茎赤ジソの発現には、茎での色素の産生・蓄積のみに関係しているもう一つ別の遺伝子 B を置くことで説明が可能である。優性 BB の場合、葉は緑であるが、茎と花冠は淡赤色となる。[5] また、A と B とは独立した関係にある（図14）。

　また、アカジソは、葉の両面ともに赤紫色であるが、葉の表面が緑色で裏面は赤紫色というカタメンジソというのもある（図15）。カタメンジソは岩崎灌園の『本草図譜』（1830年）にも記されてある（図16）。カタメンジソは固定した系統もあるが、エゴマ（No. 11）×アカジソ（No. 32）の F2 世代でも発現した（表 3）。遺伝解析の結果からは、アカジソはカタメンジソより優性であり、アカジソの上面表皮での色素発現を促進する遺伝子 K が劣性になることにより発現すると理解できる。

　シソの色素発現の様子を注意深く観察すれば、アカジソとアオジソの違いは、これら 3 対の遺伝子の関与だけでは、十分に説明できないことが分かる。たとえば、アカジソとアオジソを交配すると、得られる F1 世代はアカジソとなるが、この F1 世代のアカジソは、親のアカジソより色素量がかなり少なく、見た目にも赤色が薄いアカジソである。ま

21

図13 茎赤のアオジソ

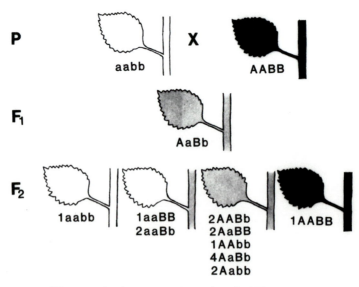

図14 アカジソ×アオジソの交配実験結果の説明

第 2 章　シソとエゴマの遺伝学

図15　カタメンジソ No. 63
左：6月下旬、右：幼苗

図16　カタメンジソ
(『本草図譜』、1830)

23

表3　エゴマ×アカジソからのカタメンジソの発現

器官		色調				
葉	上面	赤	緑	緑	緑	
	下面	赤	赤	緑	緑	
茎		赤	赤	赤	緑	χ^2
観察値		31	10	11	2	0.66
期待値*		30.4	10.1	10.1	3.4	(p>0.8)

＊：分離比、9:3:3:1

た、このF1から得られたタネ（F2世代）を播種すると、アカジソとア
オジソが分離してくるが、そのアカジソには、元の親のアカジソのよう
に色素を多量に含む濃い赤紫色のものと、F1と同様のかなり赤色が薄
いものとが見られる。また、各地からシソを集めて色素量を比較してみ
ると、このF1と同程度の少ない色素量を安定的に持つアカジソの系統
もあった。この系統は自家受粉を繰り返しても色素量が増えてこなかっ
た。アカジソには、赤紫色の非常に濃いものから淡いものまで、かなり
の幅がある。したがって、漬け物などによく使われる色の濃いアカジソ
では、遺伝子AやB以外にも色素量の蓄積に関係していると思われる
エンハンサー enhancer 様の遺伝子が働いているものと考えられる。

　さらに、aaのアオジソも葉の裏面をよく見ると真緑のものは少なく、
程度の差があるものの少し赤みかかっていることがある。この赤色はア
ントシアニン色素によるものであることは、抽出してみれば簡単に分か
る。つまり、この葉の裏面での色素発現は、AでもなくBによるもので
もない、もっと他の遺伝子が関係して発現しているものと考えられるの
である。

--- ちょっと脇道5　植物体全体に色素を貯める植物 ---

　花や茎、根など、植物体の一部が、赤く色付く植物は多いが、ア
カジソのように、植物体全体にアントシアニン系色素を溜めるもの

もある。バジル、ケイトウ、オキザリスなどの草本植物は身近であるが、木本植物でも、メギやセイヨウスモモ、セイヨウブナなど、沢山の例がある。それらは植物体全体が赤黒く見えるが、人の手により育種された園芸植物が多い。

3．精油型

a．精油型各種の成分

　日本人なら誰でも知っているいわゆるシソ特有の香りは、精油成分のペリルアルデヒド perillaldehyde（=PA）に由来する。ペリルアルデヒドには抗菌作用[6、7]や鎮静作用[8]が報告されており、シソに期待される生理活性を担う重要な成分の一つである。

　しかし、すべてのシソがペリルアルデヒドの芳香を持っているのではない。わが国のシソの精油成分について精査したのは伊東宏である。[9]彼はまたシソに次のような数種の精油型（ケモタイプ chemotype）があることを報告した。[10]それは、主成分によって、(1)ペリルアルデヒド（PA）型、(2)フリルケトン furylketone（FK）型、(3)フェニルプロパノイド phenylpropanoid（PP）型、(4)シトラール citral（C）型の4種類に分類できるというものである。また、その後、長尾弓郎らは別途収集したシソについて、(1)PA型、(2)エゴマと同様のパターンを示す型、(3)ディラピオールを含有する型、および(4)ナギナタコウジュと同様のパターンを示す型の4種類とした。[11]

　我々もまた、栽培あるいは野生状態のシソおよびエゴマのタネ（分果）を別途に収集して、圃場で栽培した。そして、諸形質の比較調査を行うなかで、精油成分についても比較検討した。その結果、主精油成分の違いにより、以下の5種類の精油型に分類されることを知った[12]（図17）。すなわち、

　(1)　ペリルアルデヒド（PA）型：いわゆるシソの香気をもつもので、

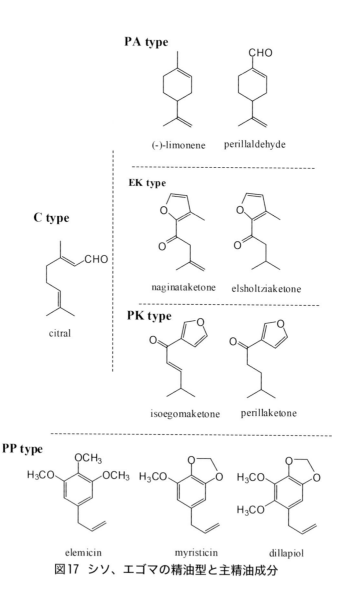

図17 シソ、エゴマの精油型と主精油成分

ペリルアルデヒドが主精油成分である。

(2) エルショルツィアケトン elscholtziaketone（EK）型：ナギナタコ ウジュのような油臭がするものである。エルショルツィアケトンや ナギナタケトン naginataketone を主成分としている。

(3) ペリラケトン perillaketone（PK）型：いわゆるエゴマ臭のもので ある。ペリラケトンやイソエゴマケトン isoegomaketone を主成分と している。この精油型は、少し鼻を突くような香りで、それを芳香 と感じる人もあるので、つぎのシトラール型と間違えられることが ある。

(4) シトラール citral（C）型：レモン様芳香のするもので、シトラー ルを主成分としている。もっぱらレモンエゴマにみられる精油型で ある。

(5) フェニルプロパノイド型（PP）型：ミリスチシン myristicin、エ レミシン elemicin、ディラピオール dillapiol という C_6–C_3 構造をも つフェニルプロパノイド類を主精油成分とするものである。これら の成分は香気が薄く、したがって、この精油型のものはあまり香り を感じない。

ちょっと脇道6　ケモタイプ

アーモンド、甜杏仁

　ケモタイプ chemotype は化学変異体と訳される。化学変異体は成 分変種と同じである。本書で取り上げたアカジソとアオジソの違い は、アントシアニン系色素を多量に蓄えるか否かの違いである。こ の色素は葉の表皮細胞に多く蓄えられ、葉肉部の細胞を紫外線など にから保護する役目を果たしている。

　われわれが日頃食べているアーモンド almond は、正確にはス ウィート・アーモンド sweet almond、甘扁桃である。本種は、野生 のビター・アーモンド bitter almond が本来持っている青酸配糖体の アミグダリン amygdalin を蓄えない成分品種である。アミグダリン

は、加水分解されると猛毒の青酸ガス HCN を発生し、動物からの摂食被害を防止する役目を担っている。食用となるアーモンドの実はヒトが自然界から選び出してきたケモタイプの一つである。このような変異体は、杏でも見られ、中国では本来の青酸配糖体を蓄える種類を、その味から苦杏仁、蓄えず食用とされるものを甜杏仁として区別している。

　また、純系となったこれらの精油型では、精油の成分組成において、次に示すような特徴が明らかとなった。

(1)　シソとエゴマの精油型には、表4に示すように、PA、EK、PK、C（シトラールを主成分とするものでレモンエゴマにのみ見られる）および PP 型の、遺伝的に安定な5種類がある。
(2)　これらの精油型の成分組成は、栽培条件や生長段階の違いによってほとんど変動しない。
(3)　個々の精油型が産生する主要な精油成分は限られており、他の型の主成分となるものはまったく検出されない。このことは、精油成分の間での生合成がきわめて厳格な遺伝制御を受けていることを示

表4　シソ、エゴマの精油型と成分組成

精油型	系統番号	LI	PA	EK	NK	PK	IK	MY	DI	EL
					主な精油成分					
PA 型	9, 32, 75, 76	+	++	−	−	−	−	−	−	−
EK 型	3, 79	−	−	++	+	−	−	−	−	−
PK 型	6, 8, 11	−	−	−	−	++	+	−	−	−
PP 型	1, 5, 12	−	−	−	−	−	−	++	−	−
	16	−	−	−	−	−	−	+	++	−
	70	−	−	−	−	−	−	+	−	++

LI：リモネン、PA：ペリルアルデヒド、EK：エルショルツィアケトン、NK：ナギナタケトン、PK：ペリラケトン、IK：イソエゴマケトン、MY：ミリスティシン、DI：ディラピオール、EL：エレミシン

第２章　シソとエゴマの遺伝学

している。

(4)　PA、EK、PK、C の４型の主精油成分は、ゲラニル２リン酸 geranyl 2PP（=GPP）を前駆物質とするモノテルペン類（MTs）であり、一方、PP 型の精油成分はシキミ酸経路に由来するフェニルプロパノイド類（PPs）である。この事実は、シソにおける精油成分の生成には、まったく異なる２つの代謝経路の片方のみが動くような制御機構が働いていることを示している。

b．遺伝解析

そこで、上記の４つの特徴について、さらに詳しく調べるために、精油型間の交配実験による遺伝解析を行った。[13]

表5 はその結果である。たとえば、PA×EK の結果を見ると、F1 は l-リモネン l-limonene を主成分、ペリルアルデヒドを副成分とする L-PA 型、F2 の分離比は PA：L-PA：EK ＝ 1：2：1 である。このことから、PA 型は EK 型に対し優性であると判断される。また、EK×PK からは EK 型が PK 型より優性であることが判る。このようにして、すべての精油型間の交配実験を行った結果、C 型を除く４種類の精油型間において、次のような優劣関係があることが示された。

PA ＞ EK ＞ PK ＞ PP

表5　異なる精油型間の交配と雑種第２世代 F2 の分離

交配（P1 × P2）	F1世代の表現形	雑種第２世代（F2）の分離			
		表現形	実測値	期待値	p 値（χ^2 test）
PP × PA	16×75	PA	PA:PP	41:11	3:1	0.8
PP × PA	5×9	L-PA	PA:L-PA:PK:PP	9:29:9:13	3:6:3:4	0.3
PK × PA	8×75	L-PA	PA:L-PA:PK	14:26:13	1:2:1	0.9
PK × EK	8×79	EK	EK:PK	36:6	3:1	0.1
PP × EK	1×3	L-PA	PA:L-PA:EK:PP	27:44:19:26	3:6:3:4	0.5
PA × EK	76×79	L-PA	PA:L-PA:EK	13:25:13	1:2:1	0.9
PK × PP	8×70	L-PA	PA:L-PA:PK:PP	12:12:6:4	3:6:3:4	0.5

ただし、C型はこの遺伝解析を進めていた当時はレモンエゴマのみに見られた精油型で、シソやエゴマとの交配が極めて難しく、遺伝解析によって優劣の位置を決定できなかった（C型のシソ〈レモンジソ〉については、3-eで述べる）。

c．主な精油型発現の構図

　交配実験の結果を総合すると、C型を除く4精油型の生成は、G（$G1$と$G2$）とHの2種類の独立した遺伝子を置くことにより、一応の説明が可能となった。C型は野生種のレモンエゴマのみに見出され、栽培種のシソやエゴマにはまったく見当たらない精油型であった。また、レモンエゴマとシソあるいはエゴマとの交配実験はほとんどが失敗に終わ

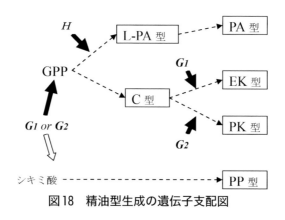

図18　精油型生成の遺伝子支配図

表6　精油型と遺伝子型の関係

精油型	遺伝子型
PA	$G1$-HH, $G2$-HH, $G1G2HH$
L-PA	$G1$-Hh, $G2$-Hh, $G1G2Hh$
EK	$G1$-hh, $G1G2hh$
PK	$G2$-hh
PP	$ggHH$, $gghh$

り、まれに成功する場合にも、得られた F1 は完全に不稔で、それ以上の解析を進めることはできなかった（その原因は、後述する細胞遺伝学的研究によって明らかとなる）。図18は主要な成分が生合成される経路を念頭において、遺伝子 G と H の作用部位と精油型との遺伝的な関係を示したものである。

　ここで、遺伝子 G はゲラニル 2 燐酸（GPP）からモノテルペン MTs を生成する完全優性の遺伝子であるとする。G は複対立遺伝子で、性質のやや異なる 2 種の優性遺伝子 G1 と G2 に分けられ、G1 は G2 に対し優性である。G1 存在下では EK タイプのフリルケトン類（FKs）が生成し、G2 があれば PK タイプの FKs が蓄積する。G が劣性ホモ gg の場合には、モノテルペン MTs を生成せず、フェニルプロパノイド PPs を蓄積する PP 型となる。また不完全優性の遺伝子 H は、G の存在下でリモネン L やペリルアルデヒド PA のようなシクロヘキセン環を持つ精油成分を生産し、PA 型の精油を蓄積する。以上の実験から帰納された遺伝子型と、精油型との対応は表 6 のとおりである。

d．精油型各種のサブタイプ

　その後、圃場で実験を繰り返すうち、前述の精油型それぞれの中にも組成比の異なるいくつかのサブタイプ subtype があることが判明した。そこで、それぞれのサブタイプについても、遺伝的な純系を固定させて遺伝解析を行った。

　EK 型は EK と NK の含有比の違いから 4 種のサブタイプに分けられた。[14] このサブタイプ間の交配実験から、NK から EK への変換に関与する寄与率の異なる遺伝子 P、Q の存在が明らかとなった（図19）。P は不完全優性で 1 遺伝子当たりの寄与率は35%（PP の場合は70%）、Q は完全優性で寄与率は30%（Qq、QQ ともに30%）である。

　PK 型にも PK と IK の含量比の異なる 2 タイプがあり、この両タイプ間の交配実験からは、エゴマケトン EGK から IK への変換を抑制する遺伝子 I の存在を仮定した [15]（図20）。

図19 EK型における遺伝子 *P*、*Q* の支配部位

図20 PK型における遺伝子 *I* の支配部位

PP型は次の3タイプに分けられた。[16] すなわち、

- (1) M型：ほとんど MY のみを含有する。
- (2) DM型：D と MY を含有する。
- (3) EM型：エレミシン（EL）と MY を含有する。

　この3種のサブタイプ間の遺伝解析からは、MY から D への変換を行う完全優性の *D* 遺伝子と EL の生成に関与する完全優性の *E* 遺伝子の存在を仮定した（図21）。

第2章　シソとエゴマの遺伝学

　また、1987年に京都北部の山中で採集されたエゴマ（No. 1864系統）は、ペリレン（PL）を主成分とする新精油型（PL型）であった。PLはその構造から、CからPKにいたる生合成経路の中間に位置するものと考えられ、PLからEGKへの変換を促進する完全優性遺伝子Jの存在が明らかとなった[17]（図22）。

図21　PP型における遺伝子D、Eの支配部位

図22　ペリレン（PL）型生成における遺伝子Jの支配部位

ｅ．レモンジソの出現

　この PL 型と PK 型のアカジソ（No. 6系統）とを交配したところ、その F1 世代は PK 型で、予測どおり、PK 型が PL 型より優性であることが示された。ところが、F2 世代は予期に反し、PK 型：PL 型：C 型が 45：15：4 の比で分離した。先にも述べたように、C 型はシトラールを主成分とするが、当初はレモン様の芳香を持つ野生種のレモンエゴマにのみ見られた精油型で、シソやエゴマにおいての初めての発現であった。この交配実験により、C から PL が生合成される段階には 2 個の独立した同義遺伝子の存在が推定され、これを *Fr1* と *Fr2* とした[18]（図23）。

　この新たに分離してきた C 型には、当初から葉の赤いものと緑のものの両方があった。そこで、それらの自殖を繰り返して、アカジソ系統 No. 5151 とアオジソ系統 No. 5152 の 2 種類の固定系統を得た。そしてこれらを「レモンジソ」と称することにした（図24）。本植物は、さらに

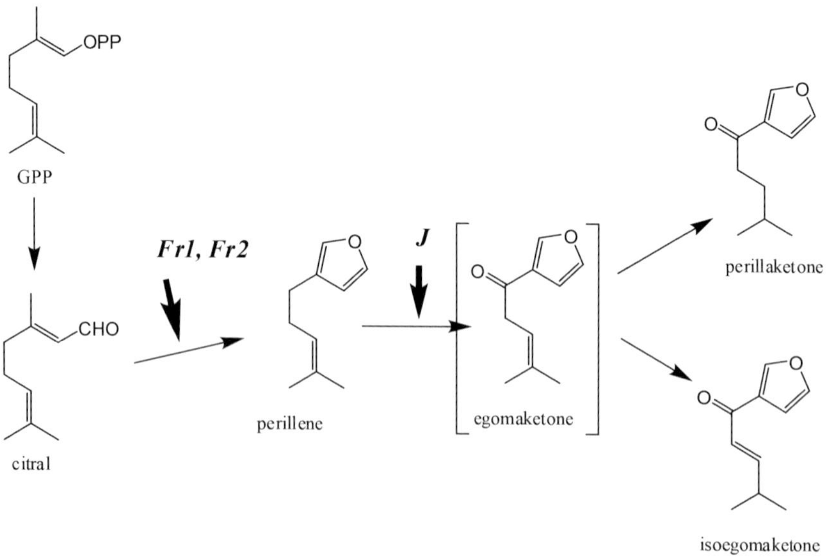

図23　シトラール型生成における遺伝子 *Fr1*、*Fr2* の支配部位

第2章　シソとエゴマの遺伝学

図24　レモンジソ

選抜育種など改良を加えることにより、香気を改善できれば、新たな作物としての可能性があると考えている。

f．遺伝制御機構の再検討

C型のシソが得られたことから、この系統を用いて、再度各精油型との交配実験を行って、未解決であったC型を含めての遺伝制御機構の再検討を行った。そして、およそ次に示すような修正により、生合成の遺伝制御の全体像が理解できるようになった。[19] すなわち、

(1) 先に仮定した同義遺伝子 G（$G1$ と $G2$）を廃し、$G1$ はこれを次の2種の独立の遺伝子 G（MTs の生合成を制御する）と N（C から NK の生合成を促進）とに分解する。
(2) $G2$ は G と $Fr1$ および $Fr2$ とに分ける。
(3) PA 型の生合成経路上には不完全優性の H 遺伝子を仮定し、GPP から L への変換に関与するとしていたが、リモネンからペリラアルコールへの水酸化の過程にこの反応を抑制する完全優性の遺伝子 R を新たに追加する。図25に遺伝解析により存在が示された遺伝子

35

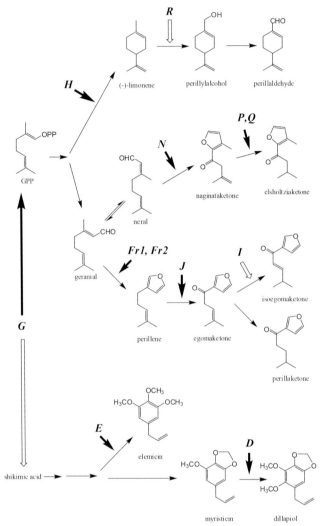

図25　シソ、エゴマの精油成分の生合成経路

とその作用部位を示す。

　以上のことから、これまで交配実験に用いてきた主な系統について、遺伝子型で表現できることになった（表7）。

第2章　シソとエゴマの遺伝学

表7　主な系統の精油型と遺伝子型

系統番号	精油型	遺伝子型
32	PA	*GGHHrrfr2fr2jj*
79	EK	*GGhhRRNN*
63	PK	*GGhhRRFr1Fr1Fr2Fr2JJ*
1864	PL	*GGhhrrnnFr1Fr1fr2fr2jj*
5151	C	*GGhhrrnfr1fr1fr2fr2jj*
1	PP-M	*ggHHrrnnFr2Fr2jjddee*
12	PP-M	*gghhRRFr1Fr1Fr2Fr2JJddee*

g．遺伝子GとHの支配部位

　先にも述べたように、G はまったく異なる2つの代謝系であるデオキシキシルロース deoxyxyllulose 経路とシキミ酸経路の発現を制御している遺伝子である。この興味ある制御を司る遺伝子については、モノテルペン生合成の初期段階を検討することで、その支配部位が特定できるのではないかと考えられる。また、遺伝子 H は G の存在下で PA 型の生成に関与しており、GPP またはその関連化合物からのシクロヘキセン環を形成する反応を支配していると考えられる。

　そこで MT 型と PP 型におけるモノテルペン生合成に関する鍵酵素である GPP 合成酵素とリモネン合成酵素の活性を遺伝生化学的に比較検討した。その結果、GPP 合成酵素については MT 型と PP 型との間に有意な差異は認められず、リモネン合成酵素活性は遺伝子 G と H の両方ともが優性である PA 型のみに認められた。[20] しかし、G 遺伝子のもっとも興味が持たれる機能である、「モノテルペン MTs が生合成される場合には、フェニルプロパノイド PPs の生成が抑制される」という代謝経路の制御については、いまだに不明である。

4．がくにおける精油生成の遺伝子支配

　これまで述べてきた精油成分に関する遺伝解析は、すべて葉を用いた

実験結果である。

　その後、がくにおいては、フェニルプロパノイド PPs に加えてモノテルペン MTs も同時に蓄積される場合があることが判り、葉とがくとでは精油生成の遺伝制御の様相がやや異なることが明らかになった[21]（表8）。

　そのきっかけは以下のようなものであった。シソも秋半ばとなると花が終わり、種が実るようになる。花が咲くまで茂っていた葉も色あせてきて落ち、やがては、枯れたがくと茎のみとなる。ある時、ほぼ葉が落ちてしまった PP 型のシソを調べていた学生さんが、「この系統はモノテルペンの香りがする」と言いだした。そんなはずはない。この系統は研究を始めたころからの一番古い系統で、繰り返し自殖してきたから、葉を揉んだ際には香気を感じない PP 型であることには間違いない。ということで、よくよく調べてみると、学生さんは葉が枯れて少なくなったために、残ったがくも加えて分析していたのであった。ガスクロマトグラフ分析の結果は、がくには葉にあるフェニルプロパノイド PPs に加えて、モノテルペン MTs も含まれているというものであった。

　この現象は、G とは別個の、遺伝子型が gg の場合に限って、がくのみで MTs を産生させる、非対立遺伝子 G' を仮定することにより説明が可能である。すなわち、同座関係にない両遺伝子 G と G' は類似の機能を持つが、G は G' に対して上位である。$GGG'G'$ の個体では、葉、がく共にモノテルペン MTs が生成され、G 遺伝子によってフェニルプロパノイド PPs の生成は抑制される。しかし、$ggG'G'$ 個体では、フェニルプロパノイド PPs の生成を抑制しない遺伝子 G' が、がくでのみ発現する結果、モノテルペン MTs とフェニルプロパノイド PPs の両方が生合成されると理解される（表9）。

　この G' は、すでに述べたように、茎と花冠に限って色素を産生する B 遺伝子とよく似た部位特異的に発現が制御されている遺伝子ということができるであろう。

38

第2章　シソとエゴマの遺伝学

表8　シソ、エゴマの葉とがくの精油成分

系統	系統	精油型		遺伝子型	MTs/PPs（%）[a]
		葉	がく		
オオバアオジソ	1	M[b]	M+PA, L	*ggHH*	51.16
チリメンアカジソ	25	EM	EM+PA, L	*ggHH*	50.31
エゴマ	16	DM	DM+PA, L	*ggHH*	5.04
エゴマ	12	M	M+PK	*gghh*	60.35
エゴマ	1833	M	M+PK	*gghh*	57.69

a) フェニルプロパノイド（PPs）に対するモノテルペン（MTs）の比率
b) M：ミリスティシン、E：エレミシン、D：ディラピオール、PA：ペリルアルデヒド、L：リモネン、PK：ペリラケトン

表9　シソ、No. 9系統とNo. 1系統の各部位の精油成分

	No. 9 （*GGHH*）				No. 1 （*ggG'G'HH*）			
	がく	茎	葉	芽生え	がく	茎	葉	芽生え
ペリルアルデヒド	++	++	++	++	+	+	−	−
ミリスティシン	−	−	−	−	++	++	++	++

++：総精油量の30%を超えるもの、+：5〜30%、+：0.1〜5%、−：検出できず

ちょっと脇道7　シソの鎮静作用成分を追う（問題）

　漢方ではシソの葉（蘇葉）に鎮静作用があるとされてきた。我々はその活性本体が何であるかを明らかにすべく、実験を開始した。鎮静効果の検定法は、マウスを用いてヘキソバルビタールで引き起こされる睡眠時間の延長効果を見るという一般的なものである。まず、シソのメタノール抽出エキスが2 g/kgの用量で、睡眠時間を1.8倍に延長することを確かめた。それから、そのエキスをいくつかに分画し、それぞれについて活性の検定を行い、活性のあったものについて、再度分画した。このように、分画と活性検定を繰り返すことにより、活性本体を追い詰めていった。しかし、あるところで、分画（A、B、C）すべてに活性が見られなくなった。そこ

で、分画したもの同士を組み合わせてみると、AとBの2つを併せたものに活性が認められた。これは、活性が2つの分画に分かれた成分の共存により発現することを意味している。

　この、興味ある併せたときのみに出る鎮静活性の両成分を突き止めたいが、しかし、両分画ともにまだまだ多くの成分が入っている。どうすれば両方の成分本体が突き止められるだろうか？

5．腺鱗の少ないシソ

　腺鱗は、精油の産生と蓄積にきわめて重要な役割を果たしている特殊な器官である。シソの場合、腺鱗は葉の裏面に存在し、その分布密度と精油収量との間には相関性があるとされている。[22]

　筆者らは、この腺鱗がきわめて少ない変異体（No. 1834系統）の固定に成功した（図26）（表10）。本系統における腺鱗数は、本葉第2葉で通常のものの7分の1～8分の1しかなく、第3葉以上の葉でも同様に少ない。そこで、本系統を用いて腺鱗形成にどのような遺伝子群が関与し

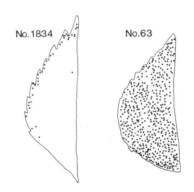

図26　変異系統 No. 1834と通常系統 No. 63の本葉第2葉における腺鱗の分布（半葉）

第2章 シソとエゴマの遺伝学

表10 変異系統 No.1834と通常系統の腺鱗数と精油含量について

系統	腺鱗数 第1葉	第2葉	精油含量（％）[a]
1834	75±2.5[b] (74±2.6)[c]	79±3.6 (24±1.3)	0.014
11	230±12.1 (76±7.6)	620±12.9 (122±5.5)	0.239
63	129±12.9 (80.8±14.0)	560±12.5 (112±2.4)	0.141
75	120±14.5 (69±9.5)	665±72.3 (72±5.2)	no data

a) 新鮮葉での値
b) 平均値±標準誤差（1834は60個体、11、63、75系統は3〜5個体）
c) cm^2あたりの腺鱗数

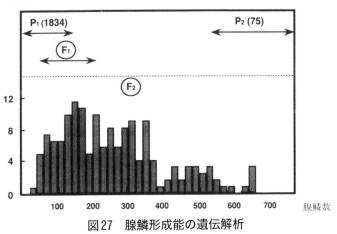

図27 腺鱗形成能の遺伝解析

ているのかについて遺伝解析を行った。[23] その結果、本系統と腺鱗数の多い通常系統とのF1は腺鱗数が少なく、F2世代も少ないものが多数を占めた。このことから、シソにおける腺鱗形成には、1個の主動抑制遺伝子と数個の調節遺伝子が関与していると判断された（図27）。

　No. 1834系統の腺鱗は、図26に示したように、少ない腺鱗が葉の表面に均等に散在しているのではなく、葉の辺縁部などに局在する傾向がある。したがって、パンチなどで葉を打ち抜くと、腺鱗がまったくないものからかなりの数があるものまで、腺鱗数の異なるディスクを得ることができる。これらのディスクは、腺鱗を除く他の組織はおなじとみなせるから、この葉のディスクを用いた生合成前駆物質の取り込み実験を行った。その結果、^{14}C-スクロースからペリルアルデヒドまたはミリスティシンへの取り込み率は、ディスク片にある腺鱗数と正の相関を示し

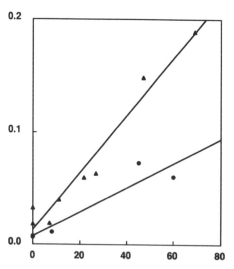

図28　変異系統 No. 1834を用いたスクロースの精油成分への取り込み実験

（縦軸：^{14}C-スクロース〈10μCi〉の取り込み、横軸：腺鱗数）
●：ペリルアルデヒド、▲：ミリスティシン

た。また、腺鱗のない葉のディスクでは、モノテルペンやフェニルプロパノイドはまったく生成されず、精油成分は腺鱗で特異的に生合成され蓄積されることが示された（図28）。この結果はまた、腺鱗形成は生合成の遺伝子より上位（epistatic）にあることを示している。

ちょっと脇道8　シソの鎮静作用成分を追う（答え）

　AとBを併せると活性が発現するのであるから、まずAをいくつかに分画し、分画したものそれぞれとBとを併せて活性試験を行い、どの分画に活性があるかを明らかにする。このようなことを繰り返して、Aの中の活性本体を明らかにする。次いでAの活性本体とBを分画したものとを併せて検定し、活性がどの分画にあるかを明らかにする。このようにしてB分画の活性本体も明らかとなる。

　結果は、一方がペリラアルデヒド、もう一方がスチグマステロール stigmasterol であった。ペリラアルデヒドは大量投与で鎮静作用を示すことは報告されていたが、シソの鎮静作用はスチグマステロールの共存で少量でも作用が発現することが明らかとなった。

ちょっと脇道9　回回蘇

　明の李時珍が著した『本草綱目』の「紫蘇」の集解には、次のような一文がある。

　　今は一種の花紫蘇なるものがある。その葉は細歯、蜜紐で剪ったやうな形のものだ。香も色も、茎も子も紫蘇と異はぬ。一般に回回蘇と称している。

　これは、当時の中国ではチリメンアカジソを「回回蘇」と称していたということである。回回は回教すなわちイスラム教あるいはイ

スラム教徒を指すから、一つの可能性として、本種は回回がもたらした異国のもの、いま一つは、異国から来た者の髪が縮れていたことの比喩の可能性が考えられる。どちらが真か、前者の場合なら、シソ属植物の分布を考慮すれば、東南アジアの地にその起源があるということになる。さてどうだろうか。

6．チリメンジソとオオバジソ

　シソに見られる特徴的な形態的変異を挙げるとすれば、それはチリメン（縮緬）ジソとオオバ（大葉）ジソであろう。しかし、チリメンジソといわれるものには、様々なものがある。葉の表面に凹凸ができるもの、凹凸は少なく大きく波打つもの、葉の先端のみが曲がるもの、葉の鋸歯が深く切れ込むもの、などがある。また極端に縮んでパセリのようになるものもある。このように、縮み性といわれるものは、いくつかの要素が絡み合って発現している形質であると判断される。また、この縮み形質は、本葉第4葉前後になって明瞭に発現してくるために、幼植物では見分けにくい場合がある。

　先に紹介した永井威三郎は、チリメンジソとオオバジソとの交配結果から、チリメン性は優性であることを明らかにし、F2世代を肉眼的に5つに分類して、この形質に関与する遺伝子は少なくとも3個あるとした。

　著者らは、チリメンジソの葉の共通した特徴として、葉縁部の長さがオオバジソに比べて長いことに着目し、「葉の主軸の長さ」に対する「葉の半周の長さ」を“ちぢみ指数CLI（Crinkled Leaf Index）”として数値表現することにした（図29）。その結果、葉位による縮みの変化やチリメンジソと平坦葉のエゴマの違いが明確に示された（図30）。次いで、交配実験により得られた後代についての遺伝解析を行った結果、シソとシソとの交配実験からは、チリメン性に関与する主導遺伝子Cと若干数の変更遺伝子があると推定された。[24] これは先に紹介した永井

図29　ちぢみ指数 CLI の測定
A：オオバ（左）とチリメン葉（右）、B：Aの葉縁部

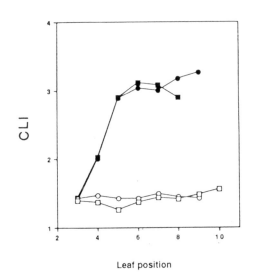

図30　葉位によるちぢみ指数の変化
■：チリメンジソ No. 4119、●：チリメンジソ No. 4103、□：エゴマ No. 1833、○：オオバジソ No. 9

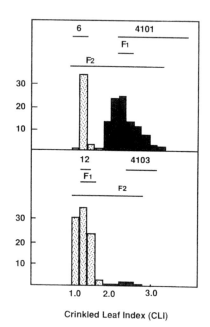

図31 チリメン葉の遺伝解析
上段：オオバジソ（No. 6）×チリメンジソ（No. 4101）
下段：エゴマ（No. 12）×チリメンジソ（No. 4103）

が得た結果と同様である。また、チリメンジソとエゴマの交配実験は、F1世代はオオバ、F2世代の殆どがオオバとなり、エゴマはシソが持つチリメン性を抑制する複数個の遺伝子を有することが明らかとなった（図31）。

7．分果の硬さと色調の遺伝

a．硬さ

果実や種子の中には、大切な次世代である胚が入っているので、簡単にはつぶれないよう、機械組織が発達しているものが多い。繰り返しに

なるが、われわれがシソやエゴマの"タネ"と言っているものは、植物学的には果実の一種である分果であり、種子ではない。このタネもまた多くは通常の取り扱いでつぶれることはない。しかし、エゴマの中には容易につぶれる系統がある。

No. 8系統はつぶれやすい軟弱なタネをつける。そこで、この系統と通常の硬いタネをつける系統（No. 16、70、75、79）との交配実験を行った。[25] またタネの硬さは、タネに重量負荷を加え、つぶれるときの重さを測定し、重量で硬さを表した（図32）。この方法によると、軟実のNo. 8は200g以下の負荷でつぶれるが、通常の系統は400g以下の負荷ではつぶれない。結果は、図33に示す。4種類の交配において、すべてのF1世代のタネは硬く、F2世代では硬：軟＝15：1と硬：軟＝3：1の2種類の分離比が示された（表11）。このことは、タネの硬、軟に関しては2組の同義遺伝子（$T1$、$T2$）が関与しているとすれば、矛盾なく説明することができる。軟実はこの2個の遺伝子が双方ともに劣性ホモのときに発現する。

タネが硬いというのは、中にある軟らかい胚を保護するためのもので、次世代を確実に保護するための重要な形質である。軟弱なタネの存在は、おそらくエゴマのタネが食用とされ、油糧原料として栽培されてきたという歴史と関係している。エゴマのタネから油を取るためには、

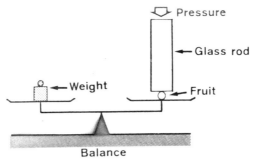

図32　分果の硬さの測定法

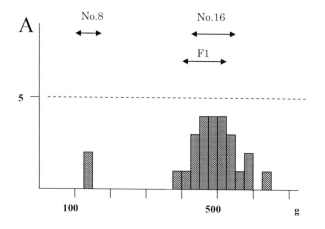

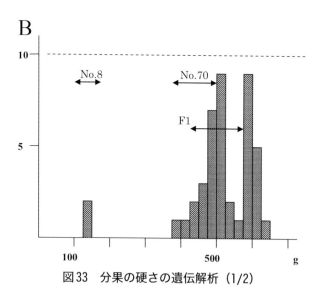

図33 分果の硬さの遺伝解析 (1/2)
A：No. 8 × No. 16、B：No. 8 × No. 70
◄──►：親、F1の標準偏差の範囲

第 2 章　シソとエゴマの遺伝学

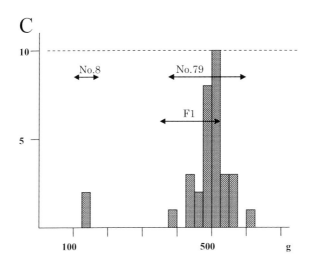

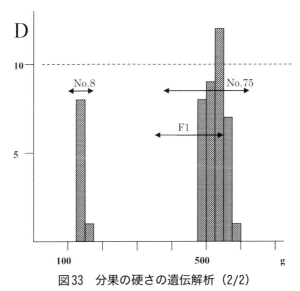

図33　分果の硬さの遺伝解析（2/2）
C：No. 8 × No. 79、D：No. 8 × No. 75

表11　F2世代における分果の硬軟の分離

交配	表現型	期待値	χ^2 test
P1　P2	硬実：軟実		
8 × 16	24 : 2	15 : 1	p>0.7
8 × 70	31 : 2	15 : 1	p>0.9
8 × 79	40 : 1	15 : 1	p>0.2
8 × 75	37 : 9	3 : 1	p>0.3

タネをつぶさなければならないが、タネが硬くないほうが作業はより楽であり、農業的には有用な形質であるといえる。この形質は自然発生的に生まれた劣性形質であるかもしれないが、長年栽培されている中で意識的に残されてきたのであろう。もっぱら葉が使われてきたシソには軟実のものはほとんど見当たらない。そのことも、軟実エゴマの人為的な選抜を側面から支持しているように思われる。

b．色調

　シソやエゴマのタネは多く褐色である。しかし、エゴマのタネの中には、灰白色のものもある。筆者らは、この色の異なるタネについての遺伝解析を行った。その結果、F1は中間の淡褐色、F2世代は灰白色：淡褐色：褐色＝1：2：1と不完全優性の遺伝様式が示された（図34）。ここで、灰白色のタネを生じさせる遺伝子を W とすると、灰白色のタネは優性ホモで WW、褐色のタネは劣性ホモ ww ということになる。

c．機械組織との関係

　分果の硬軟および色調に関するそれぞれの遺伝子が、内部形態的な特長とどのような関係にあるのかを知るために、交配実験に用いた諸系統とその後代を用いて調べた。

　Feng らは、硬軟2種のタネでは内果皮第2層の厚膜組織の発達の程度が異なっていると記している[26]（図35）。そこで改めて筆者らが保有している系統について、この厚膜細胞層の厚さを測定したところ、軟

第2章　シソとエゴマの遺伝学

図34　分果の色調の遺伝
上段：両親　白色（No. 11）×褐色（No. 32）
中断：F1（両親の中間型）
下段：F2（3種類が発現）

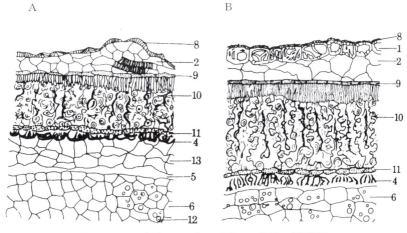

図35　シソ（A）、エゴマ（B）の分果の解剖図
(Feng et al., 1983)

実系統は硬実系統に比べ、非常に薄いことが明らかとなった（図36）。また、図37に示すように、通常のシソ、エゴマでは厚膜細胞層は40〜60μmであるのに対し、軟実系統では10〜20μmと薄いことが示された。このタネの硬さと厚組織層の厚さとの間には、きわめて高い相関性（r＝0.84、p＜0.01）が認められ、硬さを制御する遺伝子 T1、T2 は、厚膜細胞の発達を促進する遺伝子であると考えられるに至った。

　また、前述のタネの色についても、灰白色のものでは、図34に示したように、表皮細胞にも網目状の肥厚が認められ、褐色のものでは表皮細胞の肥厚が認められない。遺伝解析に用いた系統やその雑種の後代について観察したところ、F1世代では表皮細胞の壁の肥厚が弱いか、あるいは肥厚細胞が少ないということが観察された。以上のことから、W は表皮細胞の膜壁の肥厚に関係する遺伝子と考えられる。

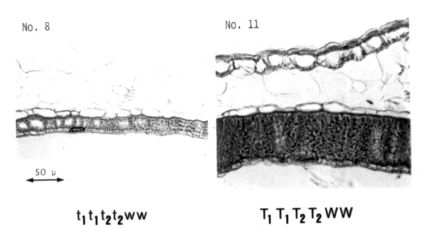

図36　軟実・褐色系統（No. 8）と硬実・白色系統（No. 11）の分果の横断面

第2章　シソとエゴマの遺伝学

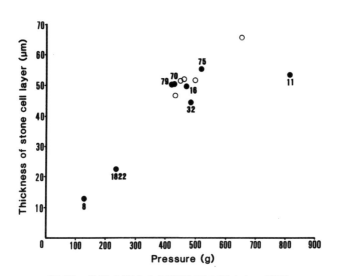

図37　分果の硬さと石細胞層の厚さとの関係
（●印の数字は系統番号、○印はそれらの F2 世代）

第3章　わが国のシソ属野生種について

　第2章の3に述べたように、精油型の生成に関する遺伝解析は、PA、EK、PK、PP、およびC型の5つの全ての精油型を用いて開始した。ところが、PA、EK、PK、PP型のシソやエゴマを用いての交配実験は相互に問題なく進められたけれども、C型であるレモンエゴマとシソあるいはエゴマとの交配は、殆ど全てが失敗に終わった。また、まれにこれらの交雑が成功しても、得られたF1植物は完全不稔で、後代のタネを得ることはできなかった（図38）。

　この事実から、レモンエゴマとシソ、エゴマとの関係について、調べなおす必要があると考えられた。そこで、さらにより多くの資料を集めて、両グループの違いを詳しく比較検討することにした。

図38　レモンエゴマ（右下）とシソとの雑種植物（左上）

第3章　わが国のシソ属野生種について

┌─ ちょっと脇道10　不稔のF1植物の維持 ─────────────

　シソは一年生植物であり、短日植物である。したがって、普通に
栽培すると、秋には花が咲いて実をつけ枯れてしまう。シソとレモ
ンエゴマのF1雑種や、野生種間のF1雑種などもこの性質があるか
ら、そのままでは、種を実らせることなく枯れてしまう。この貴重
な植物は、8月半ばには鉢上げし、温室に入れ、夜間照明を加えて
長日状態にして、花芽をつけさせないようにすると維持することが
できる。春になり長日となった時に、畑に下ろせば、また夏まで栄
養繁殖してくれる。増殖は挿し木で可能である。

└──────────────────────────────────────

1．レモンエゴマ

a．発見者は牧野富太郎

　まず、わが国の分類学者がシソ属植物をどのように取り扱ってきたか
を、改めて調べてみた。シソ *Perilla* 属は東アジアに分布する小さなグ
ループであるが、わが国には、栽培種としてシソとエゴマが、また野生
種としてレモンエゴマとトラノオジソの2種類が分布していることが知
られている。[27、28]

　レモンエゴマの取り扱いについては、発見当初から分類学者の間で異
なる見解があった。すなわち、レモンエゴマの発見者である牧野富太
郎は、レモンエゴマはエゴマ *P. ocymoides* L.（=*P. frutescens* Britton）の一
成分品種 *P. ocymoides* L. forma *citriodora* Makino であるとしたが、[29] トラ
ノオジソの発見者中井猛之進はレモンエゴマを *P. citriodora* Nakai、トラ
ノオジソを *P. hirtella* Nakai とし、各々を独立種とした。[30] 現在見られる
成書では、両植物はエゴマ *P. frutescens* Britton の変種とし、それぞれレ
モンエゴマを var. *citriodora* (Makino) Ohwi、およびトラノオジソを var.
hirtella Makino とする分類が多く採用されている（表12）。つまり、シ
ソ、エゴマ、レモンエゴマ、トラノオジソの全てが、互いに変種の関係

55

表12 日本産シソ属植物の分類学的取り扱い

	牧野富太郎 (1962)	大井次三郎 (1961)	北村四郎ら (1957)	杉本順一 (1965)
シソ	*P. frutescens* Britton var. *acta* Kudo	*P. ocymoides* Linn.	*P. frutescens* Britton var. *crispa* (Thunb.) Benth.	シソ *P. frutescens* Britton var. *acuta* Kudo チリメンジソ var. *crispa* Decne.
エゴマ	*P. frutescens* Britton var. *japonica* Hara	*P. ocymoides* Linn. var. *japonica* Hara = *P. frutescens* Britton	*P. frutescens* Britton var. *japonica* Hara	*P. frutescens* Britton var. *japonica* Hara
レモンエゴマ	—	*P. ocymoides* Linn. var. *citriodora* Ohwi = var. *typica* f. *citriodora* Makino = *P. citriodora* Nakai	*P. frutescens* Britton var. *citriodora* (Makino) Ohwi	*P. frutescens* Britton var. *citriodora* Ohwi
トラノオジソ	*P. frutescens* Britton var. *hirtella* Makino et Nemoto	*P. ocymoides* Linn. var. *hirtella* Makino et Nemoto = *P. hirtella* Nakai	*P. frutescens* Britton var. *hirtella* (Nakai) Makino	*P. frutescens* Britton var. *hirtella* Makino et Nemoto

第3章　わが国のシソ属野生種について

図39　レモンエゴマ

にあるとするものである。

　レモンエゴマは、牧野富太郎が東京の高尾山で採集し、エゴマとは香りが異なるいわゆる成分品種として、1914年に植物学雑誌に初めて発表した（図39）。しかし、数年後、中井猛之進は、レモンエゴマを独立の種であるとした。牧野はこの意見に反発し、中井のいう相違点は種（species）を分ける分類の基準とはならないもので、レモンエゴマはエゴマとはなんら相違はないとした。

ちょっと脇道11　牧野富太郎博士のこだわり

　牧野のレモンエゴマのかたくなとも思える反論は、1933年の『本草』に掲載されており、牧野の強い自信が感じられる。やや長

くなるが、次に全文を引用する。

「レモンエゴマは単にエゴマの一品のみ」　牧野富太郎

　想起す今から二十年程前私は初めて我日本にレモンエゴマのあることを知ったが始めは無論其れは無名の一年草であった。此草が亦九州肥前の一地方に在って其処では其のタネを飯へふりかけて食用にしていると聞き其れを其地から送ってもらったことがあった。

　私が始めて其植物を武州の高尾山に採ったのは大正二年の晩秋であった。私は早速に其れを研究して其翌年即ち大正三年七月に発行になった「植物学雑誌」第二十八年（巻の間違い）、第三百三十一号で其新定の学名と其新定の和名と併せて其要項とを発表したが、即ち其学名は Perilla ocimoides L. α. typica Makino forma citriodora Makino であって又其和名はレモンエゴマであった。私は精研の結果此者をエゴマ（荏）の単なる一品に過ぎないと認めたから乃ち此学名を上の如く定めたのであった。其後大正十五年二月に至って同月発行の我が「植物学雑誌」第三巻二号において之を Perilla frutescens Brit. α. typica Makino form citriodora Makino と改めたが然しエゴマの一品とする点では前名と少しも異っていない。ただ此次の学名ではエゴマの学名を P. ocimoides が P. frutescens に変更せられたに過ぎないのである。

　右高尾山見出後、此草が尚諸州に在ることが判ったので今日ではサウ珍しいものでないやうになった。又往々薬草園に栽培されてあるのを見受けることもあるやうになった。

　此レモンエゴマは其レモンエゴマの和名とレモン様の香気あると言う意の citriodora の種名とが如実に示す如く其葉にレモンのやうな佳香があって其れが普通のエゴマに見るやうに臭くて嫌な気持ちはしなく之をかぐと極めて爽快である。私は此れから香油を採れば何かに役立ちはしないかと其後いろいろの人に其採油実行をすすめて見たことがあがあったが然し其間に具合の悪いことでもあるのか、まだ、其工業に成功しているのを聞いたことがない。

第3章　わが国のシソ属野生種について

　其後或る人は此レモンエゴマを一種特立の品でエゴマとは全然別種のものと考え其れを独立の種（スペシーズ）として発表したことがあった。

　然しだ此レモンエゴマは決してエゴマと離れた別種のものではない。つまりただエゴマの変わり者として片付けてよい一品たるに過ぎないのだ。

　其茎葉花実等何等エゴマと変りはない。通常其葉裏が淡紫色を呈しているが、こんなことは通常のエゴマの中にも往々見らるるので何等其特徴とするには足らぬ。花穂の苞が違っていると唱うれども各個体のエゴマを歴覧すれば何等其間に差異を認むることがない。

　つまりエゴマと異なるのは単だ其香だけである。

　試みにレモンエゴマを一本作っておいて見たまえ。其次年には其れからこぼれた種子から沢山な仔苗が生える。即ち其れは皆前年の一本の親から生まれ出たものである。意外なことには其仔苗は皆親には似ないで其中の或る苗には親と同じく佳香があるが或る苗には親と異って臭気がある。即ち其臭気は普通のエゴマに有する臭気と敢て違ったものではない。

　天然に生えている場処では何時も普通のエゴマと混生していることが認められる。然し其両者の形態は全然同一である。眼で見た所ではどれがエゴマか、どれがレモンエゴマか一向に判断が付かない。ただ葉をもんで見て始めて彼と此れとが分かるにに過ぎないのである。

　レモンエゴマを一種特立の種（スペシーズ）と考ふるのは全く認識の不足で、さう思う人、またさう書く人を私はアハレに感ずる。

（『本草』12巻27–29〈1933〉より）

b．レモンエゴマの再検討

　筆者らは、国内の主な標本館のシソ属植物のさく葉標本をつぶさに検討するとともに、日本各地でレモンエゴマを収集し、それらを圃場栽培

して、それぞれの系統についての諸形質を調査した。[31] その結果、次のような事実が明らかとなった。

(1) レモンエゴマは九州から関東までの太平洋側に分布が偏り、日本海側には分布しない（図40）。
(2) レモンエゴマの精油型はC型が多いものの、EK、PK、およびPP型も見いだされる。したがって、レモンエゴマは必ずしもレモンの香りがするものばかりではない。
(3) シソとエゴマは染色体数が2n = 40であるが、レモンエゴマのそれは2n = 20である（図41）。

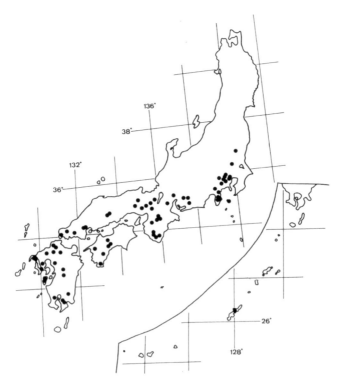

図40　レモンエゴマの分布

第3章　わが国のシソ属野生種について

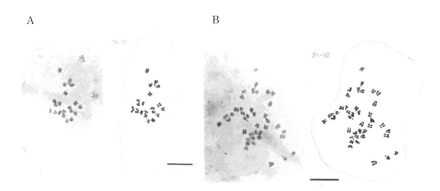

図41　レモンエゴマ（A、2n＝20）とシソ（B、2n＝40）の体細胞分裂像

　都道府県単位で出版されている地方の植物誌などには、日本海側にもレモンエゴマの分布があるとするものもある。しかし、各地の標本館におけるさく葉標本の調査や現地の調査からは、エゴマをレモンエゴマと誤って同定したものがかなりの数認められた。野性化したエゴマの中には、花が栽培種のように密に着生せず、伸長してシソに近い疎となるものがある。また、先にも述べたように、ペリラケトンはシトラールに似た一種さわやかさを感じる匂いでもあることから、誤認されやすいのではないかと思われる。筆者らの調べた限りでは、レモンエゴマは山陰、北陸地方には分布しない。今のところ、近畿地方の北限は京都市である。

　レモンエゴマという名称は、牧野富太郎がその特徴的と思われる香りから命名したものである。しかし、レモンエゴマにもシソやエゴマと同様、数種のケモタイプが存在することが明らかとなった。シソやエゴマにあってレモンエゴマに無いのはPA型のみである。

　(3)の結果は、先に行った交配実験で、レモンエゴマとシソやエゴマとの交配で得られたF1雑種が不稔であることを裏付けするものである。すなわち、この事実は、レモンエゴマが2倍体種、シソとエゴマは4倍体種であり、不稔のF1雑種は3倍体種であったことによる（図42-A）。以上のことから、レモンエゴマはシソやエゴマとは遺伝子プールを異に

図42 シソとレモンエゴマのF1雑種の染色体
A：体細胞分裂像（2n = 30）、B：花粉母細胞の減数分裂像（$10_{II} + 10_{I}$）

すると理解される。

c．レモンエゴマはシソとエゴマの祖先種の一つ

　また、このレモンエゴマとシソとの間で得られた、F1植物の花粉母細胞の減数分裂の観察を行なった。その結果、中期分裂像に2価染色体が10本と1価染色体10本とが観察され、レモンエゴマからの染色体10本はシソからのものと相同であることが明らかとなった[31]（図42-B）。

　以上の結果は、図43に示したように、シソとエゴマはレモンエゴマともうひとつ別の2n = 20のシソ属近縁種が交雑し、染色体が倍化して成立した複2倍体種であることを強く示唆している。

2．トラノオジソ

　レモンエゴマの収集に出かけた際、同じシソ属の野生種であるトラノオジソも併せて収集した。本植物は中井猛之進が高尾山で初めて発見、命名した植物である。[30]

　トラノオジソは、シソ、エゴマ、レモンエゴマに比べると、開花前に

第3章　わが国のシソ属野生種について

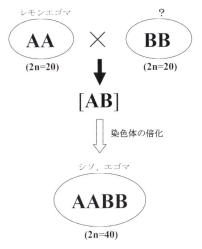

図43　レモンエゴマとシソ、エゴマの関係

図44　トラノオジソ

花穂が細長く伸長する傾向があり、葉の距歯が葉身の付け根まであるのが大きな特徴である（図44）。

　トラノオジソはレモンエゴマほど多く分布しないが、やはり太平洋沿岸部に偏った分布をしている（図45）。また、精油型としては、EK、PK、PP の 3 種の精油型が確認された。

　1917年の『植物学雑誌』には、中井はその特徴を次のように記している。

　「Perilla hirtella, Nakai. sp. nov.

　This plant grows side by side with P. citriodora and very easy to commix with it in its younger stage. But the leaves are narrower and has Shiso-like incense. Stem is hirsute. Bracts are greenish. Flowers appear later than P citriodora and very small. They make a dense spike.」

「トラノオジソが高尾山ではレモンエゴマと同じところに生えていて、（植物が）若いときには見分けがつき難い」とあるが、後でも述べるようにこの両者は幼苗でも完全に区別することができる。次いで、「その葉はより狭く、シソのような香りがするとある」が、筆者らがこれまでに収集し得たものの精油型は PK 型か PP 型であり、シソ様の香りつまりペリルアルデヒドを主精油成分とするものは見出していない。中井が採取した高尾山のトラノオジソはたまたまそうであったのかもしれない可能性もあるが、しかし、香りについては、レモンエゴマの精油型の誤認もあるように、確かなことはいえないと思う。筆者らのように、長年シソやエゴマと付き合ってきたものでは、その臭いだけで、精油型を言い当てることは可能であるが、機器分析をしない限り、確かなことはいえない。また、香りは少数の遺伝子構成の違いで、左右される性質であるので、分類の基準にはならない。

　染色体数は 2n ＝ 20 である。

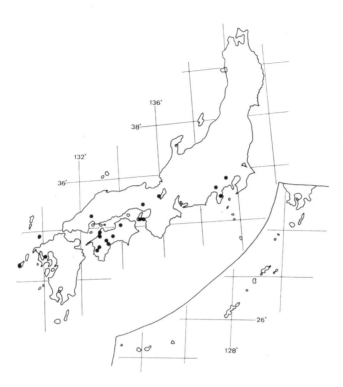

図45　トラノオジソの分布

3．「セトエゴマ」

　四国松山市郊外でレモンエゴマを採集した時、他のレモンエゴマが全て開花してしまっている中に、たまたま一個体だけ咲き遅れた蕾の状態のものがあり、それも含めて数個体を収集した。そして、その個体を大学へ持ち帰り、薬用植物園で開花させて見ると、それはレモンエゴマとは違った点がいくつか見られるものであった。開花前の花穂はトラノオジソのように細長く、花冠も小さいが、葉の距歯はトラノオジソとは異なっていて、むしろレモンエゴマに近い形である（図46）。この植物は、その後四国地方と中国地方の数カ所で自生があることを確認した。

そこで、改めて各地の標本館に所蔵されている標本を調べなおしたところ、本植物は瀬戸内海を囲む地方のやや山間部に自生していることが分かってきた（図47）。そこで本植物を「セトエゴマ」と仮称することにした。

「セトエゴマ」の精油型は、全ての系統で同じで、他のシソ属植物種ではそれまで見られなかった新規のシソフランSF型であった。[32] 主精油成分のシソフラン shisofuran（図48）は、植物体中にあるときは安定であるが、単離すると早期に分解する極めて不安定な化合物であり、構造決定には手間取った。

また、「セトエゴマ」の染色体数も、レモンエゴマ、トラノオジソと同じく 2n ＝ 20 であった。

図46　セトエゴマ

第3章　わが国のシソ属野生種について

図47　セトエゴマの分布
●：採集地、○：標本での確認地

図48　シソフランの生合成経路

┌─ ちょっと脇道12　ゴルフ場の脅威 ──────────────

「セトエゴマ」は、野生の３種類のうち、最も日陰を好み、古くか
らの生態系が良く残されているところにしか生育しない。少し古い
版の地図を参考にして、セトエゴマが生育していそうな自然が残っ
ていると思われるところに行くと、そこはすでにゴルフ場となって
いて、見る影もないところが数多くあった。セトエゴマのような微
妙な生態系の中で進化してきた植物は、開発が最も大きな痛手とな
る。かつては、瀬戸内地方の各地に野生があったと思われるが、現
在では個体数も限られていて、いずれ幻の植物となる運命かもしれ
ない。

└──────────────────────────────────────

４．類縁関係を探る

シソ *Perilla* 属は、インドから中国、日本にかけて分布するちいさな
属である。『Index Kewensis』などにはかなりの数の種（species）が挙げ
られているが、これらの多くはほとんど synonym として統合され、最
終的には10種以内に絞られると思われる。また、このうちシソとエゴ
マは栽培種で、レモンエゴマ、トラノオジソ、「セトエゴマ」は野生種
である。

┌─ ちょっと脇道13　シソとエゴマの学名 ──────────────

シソ（*Perilla*）属植物で栽培されているのはシソとエゴマで、双
方とも学名としては *Perilla frutescens* Britton の中に含まれる。リン
ネは、初めシソとエゴマの学名を *Ocium frutescens* とつけたが、後
に *Perilla ocymoides* と改めた。命名規約によれば、別属に移した
場合には種名は前のものが残ることになるので、シソ、エゴマは
Perilla frutescens Britton が正式のものということになる。また、以

第3章　わが国のシソ属野生種について

前は分類学者によっては、シソとエゴマは別種とみなすこともあったが、現在は変種の関係とされることが多い。したがって、かつてシソにつけられた *P. acuta* Nakai やチリメンジソの *P. nankinensis* Decne. は、現在でもときに用いられることもあるが、synonym ということになる。

　先に述べたように、細胞遺伝学的研究によって、シソとエゴマの染色体数は2n＝40で、レモンエゴマ、トラノオジソ、「セトエゴマ」は2n＝20であることが明らかとなった。このように、日本にあるシソ属植物は染色体数から2グループに分けられる。このうち、シソとエゴマについては、交雑が可能で、得られる後代も完全な稔性があることから、同じ遺伝子プールに属していることが明らかである。一方、レモンエゴマはシソやエゴマとは遺伝学的には離れたグループということができる。残る大きな問題は、2n＝20の野生種3種間の遺伝学的な関係である。筆者の野外調査の経験から、3者は比較的に似た生態環境に生えていることもしばしばである。しかしながら、3者の中間的な形質を持つものや、交雑種と思われるものもまったく目にしていない。このことから、3者は互いに離れた関係にあるものと考えられた。

　そこで、この関係をさらに明確にする目的で、3者間相互の交配実験を行った。その結果、3種類のF1雑種 No. 5123、5124、5129を得た（図49）。しかし、これらすべての自殖稔性はきわめて低かった（図50、図51）。また、これら3種から得られたF2種子を播種したが、何れの個体も正常な生育をしなかった。次いで、この3種のF1雑種をそれぞれコルヒチン処理をし、人工複2倍体を作出した。得られた3種の人工複2倍体はいずれも正常に生育した。稔性も最高値が61％、73％、41％とがかなり高い値を示した[33, 34]（図52）。

　以上の結果から、レモンエゴマ、トラノオジソ、「セトエゴマ」は互いに独立した遺伝子プールに属するものであると判断された。そこで、

69

図49 野生種3種間のF1雑種
No. 5129：レモンエゴマ×トラノオジソ
No. 5123：レモンエゴマ×セトエゴマ
No. 5124：トラノオジソ×セトエゴマ

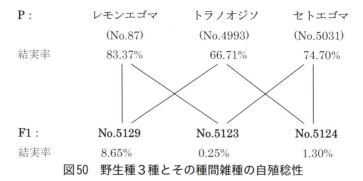

図50 野生種3種とその種間雑種の自殖稔性

第3章　わが国のシソ属野生種について

図51　レモンエゴマ×セトエゴマの種間雑種 No. 5123 の結実の様子
（結実した花のがくは生長して大きくなっている）

図52　人工複2倍体3種
A：レモンエゴマ×トラノオジソ由来のもの
B：レモンエゴマ×セトエゴマ由来のもの
C：セトエゴマ×トラノオジソ由来のもの

前述の「セトエゴマ」を独立種 *Perilla setoyensis* G.Honda として、*J. Japan. Bot.* に報告した。[35]

ちょっと脇道14　コルヒチン処理

　コルヒチン処理は染色体を倍加させるもっとも一般的な方法である。レモンエゴマ、トラノオジソ、セトエゴマの染色体数は2n ＝ 20であるから、これを倍化させれば、2n ＝ 40となって、シソやエゴマと同数となり、交雑しやすくなると考えられる。

　生長期の植物体の葉の基部に、希コルヒチン水溶液を浸み込ませた脱脂綿を約1週間置いておく。やがてそこから腋芽が伸長して開花・結実するから、自殖のときと同様に袋かけをして種を得、翌年播種して、個々に染色体数を調べるのである。

第4章　シソ *Perilla* 属植物の再考

１．日本産シソ属の再分類

　これまで述べてきた実験結果などから、わが国に見られるシソ *Perilla* 属の5種類の植物は、シソとエゴマ、レモンエゴマ、トラノオジソ、セトエゴマという独立した4遺伝子プールに分けられるという結論になった。そこで、改めてこのすべての植物について形態学的な比較検討を行い、4種2変種という再分類を提出した。[36] その検索表を表13に示す。

　表13の分類については、DNA の RFLP や RAPD 分析による比較検討でも矛盾のない結果が得られている[37]（図53）。また、系統解析ではシソとエゴマは互いに近縁で、それらに最も近いのがレモンエゴマという結果である（図54）。

表13　日本産シソ属植物の検索表

１．茎に短軟毛が密生する。染色体数2n ＝ 20。
２．花芽は緑色、円柱形でがくが互いに密着。がくは卵形、頂端にノギがある。縁に長毛がある、宿存性である。
３．葉身は卵形〜長楕円形で、先端は尖る。鋸歯は基部でも明瞭、多くの短軟毛と長毛が散在。花は淡赤色。………………………トラノオジソ *P. hirtella* NAKAI
３．葉は卵形、先端は尖る。鋸歯は基部では不明瞭、短毛が密生。花は白色。
　　　　　　　　………………………セトエゴマ *P. setoyensis* G.HONDA
２．花芽は白色、総状でがくが互いに離れる。がくは円形で頂端は尖り、縁には毛が粗生する。結実するとほとんどが脱落する。
　　　　　　　　………………………レモンエゴマ *P. citriodora* NAKAI
１．茎の毛は粗生、あるいは長毛が生える。染色体数2n ＝ 40。
２．葉は平坦、厚手で硬く緑色。花芽は白色。
　　　　　　　　………………エゴマ *P. frutescens* BRITTON var. *japonica* HARA
２．葉は薄手で軟らかい、緑または紫色。花は白色または赤紫色。
３．葉は平坦。………………オオバジソ *P. frutescens* BRITTON var. *acuta* KUDO
３．葉は縮む。………………チリメンジソ *P. frutescens* BRITTON var. *crispa* BENTH

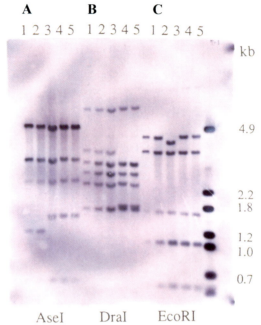

図53 日本産5種のRFLP分析
A（B19/AseI, DraI）、B（Ba1/DraI）、C（B7/XbaI）：（プローブ/制限酵素）
1列：シソ、2列：エゴマ、3列：レモンエゴマ、4列：トラノオジソ、5列：セトエゴマ、M: size marker.

第4章　シソ Perilla 属植物の再考

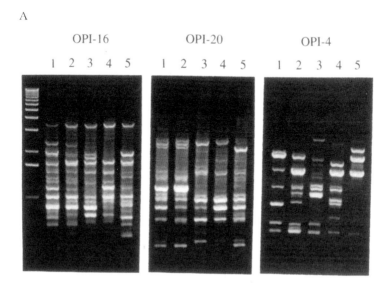

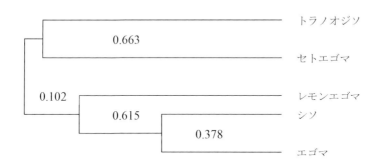

図54　RAPD分析による日本産シソ属5種の類縁関係
　　　A：RAPDパターン
　　　B：UPGMAによる分岐図

２．国外のシソ属植物

ａ．標本調査から

　標本については、国内では京都大学、東京大学、首都大学牧野標本館（当時：東京都立大学）など、国外では、中国北京植物研究所、昆明植物研究所、南京植物園、台北大学標本館、英国王立キュー植物園、ロンドン自然誌博物館に収蔵されている標本について調査した。その結果、レモンエゴマ、トラノオジソ、セトエゴマの３種は、ともに中国大陸の長江流域以南の地域に分布があることがほぼ明らかとなっている。

　同時にまた、我が国には分布しない、未記載のものと思われるものが複数種あることも明らかとなってきた。これらについては、新種の記載とともに、複２倍体種であるシソとエゴマの祖先種の可能性をもつものとして、今後の調査、研究に期待される。

ｂ．台湾のレモンエゴマ

　台湾の宜蘭市郊外でレモンエゴマを採集した（図55）。我々の知る限り、台湾でのレモンエゴマの記載は初めてのことである。[38]

　また、この台湾のレモンエゴマの精油を分析した結果、主要成分として、リモネン23.5％、エレミシン17.8％、そのほかピペリトンpiperitone（PT）が4.1％含まれていた。この結果は、次に述べる３点において、これまで日本産のもので得られてきた結果と違うものであった。

1）日本産のシソやエゴマにおいては、リモネンを主成分とする精油型は、*H* 遺伝子がヘテロの状態 *G-Hh* でのみ見られるタイプであったが、このものは安定した精油型である。
2）日本産のシソ属植物にはモノテルペンとフェイルプロパノイドが共存する精油型はなく、初めての例といえるが、先のがくと葉身との成分組成の遺伝子支配の違いの例もあり、更なる検討が必要

第4章　シソ *Perilla* 属植物の再考

図55　レモンエゴマ
（台湾宜蘭市郊外）

図56　リモネンからペリルアルデヒドとピペリトンへの枝分かれ経路

であると考える。

3）リモネンとともにピペリトンが含まれることは、このレモンエゴ
　マではリモネンからペリルアルデヒドへ行く経路とは違った枝分
　かれの生合成の経路を有していることを示している（図56）。

c．済州島のエゴマ

　韓国からタネを譲り受け、栽培し、遺伝解析に用いた。

　本植物は PP 型であったが、その精油成分としてディラピオール
dillapiol 21.1％、ノトアピオール nothapiol 13.5％を含有する、新しいサ
ブタイプであった。そして、他の PP 型のサブタイプとの交配実験の結
果から、ディラピオールからノトアピオールへの変換に係る優性遺伝子
Na を置くことで、この生合成経路を説明できることがわかった[39]（図
57）。

d．インドシナのシソ属植物

　インドシナ半島部でも、地域によってはシソやエゴマは常用されてい
る。われわれの知る限り、シソの葉を食するのはベトナムとその周辺
地域である（図58）。また、ベトナムの市場で売られるシソはもっぱら
PA 型のアカジソかカタメンジソである。

　また、エゴマが多く栽培されるのはタイ北部およびラオス北部であろ
う。そこでは主として焼畑農業のサイクルの中で、タネを目的に栽培さ
れる（図59）。

　北タイのエゴマの主精油成分は、ピペリテノン piperitenone 36.3％、
リモネン23.7％であった。この結果は、日本産で認められるリモネンか
らペリルアルデヒドへの変換ではなく、先の台湾産レモンエゴマの場合
と同様、リモネンからピペリテノンへの代謝経路を想定することで説明
が可能である[40]（図60）。

第4章　シソ Perilla 属植物の再考

図57　ノトアピオールの生合成経路

図58　生野菜に使われるシソ
（ホーチミン市）

図59 ラオス北部で栽培されるエゴマ

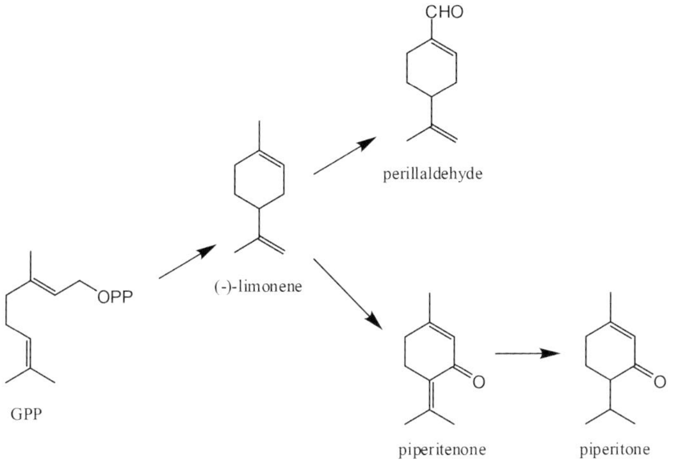

第4章　シソ*Perilla*属植物の再考

図60　ピペリテノンの生合成経路

表14　シクロヘキセン環をもつ精油型間の遺伝解析

交配（P1 × P2）	雑種第1世代 (F1) の表現形	第2世代（F2）の分離			
		表現形	観察値	期待値	p 値 (χ^2test)
PT × PA	5598×32	PA	PA:PT	64:24	3:3	>0.5
PT × EK	5598×79	PT	PT:EK	64:20	3:1	>0.8
PT × PK	5598×6	PT	PT:PK	61:19	3:1	>0.7
PT × C	5598×5151	PT	PT:PL:C	68:18:9	12:3:1	>0.3

　また、表14に示す遺伝解析の結果から、モノテルペン精油型間の優劣は以下に示す関係となった[41]。

　　PA > PT > EK > PK > C

　2006年に行ったフィールドワークにより収集されたエゴマは、PK、PT、PP-m、PP-em、SF の5精油型であった。このうち SF 型は野生種のセトエゴマにおいてのみ認められていた精油型であるが、2n = 40のものでは今回が初めてであった。また、この SF 型にはシソフラン

81

42.9％に加えてナギナテン naginatene 32.4％が含まれる。[42]

　以上の結果を総合すると、われわれが知り得たシソ属植物の精油成分の生合成経路とその遺伝制御は図61のようになる。

ちょっと脇道15　エゴマ油

　エゴマは漢字では「荏」と書くが、中国では「白蘇」と書くようである。エゴマはシソよりもかなり以前に我が国に渡来し、近代に至って菜種（ナタネ）や胡麻に変わられるまでは、その種（分果）は重要な油糧作物であった。戦国大名斎藤道三が売って歩いたという、山城国大山崎八幡宮の油も、エゴマの油であったらしい。最近までほとんど顧みられることのなかったエゴマ油も、その主成分が不飽和度が高いα－リノレン酸であることから、注目されるようになった。

３．シソの祖先種について

　図43に示したように、シソとレモンエゴマとのF1雑種の、花粉母細胞の減数分裂像の観察によって、シソはレモンエゴマ（AA）ともう一種の未知の近縁種（BB）とが交雑し、染色体の倍化により生じた複2倍体種（AABB）であると推定されるに至った。

　ではいったい、BB種とはどのような植物なのであろうか？　これまでの研究結果から、備えているであろうその特徴を予想すれば、以下のようになる。

①レモンエゴマと交雑可能なシソ *Perilla* 属の近縁種
②染色体数は2n＝20
③がくは宿存性：レモンエゴマのがくは果時脱落するが、シソやエゴマは宿存性である

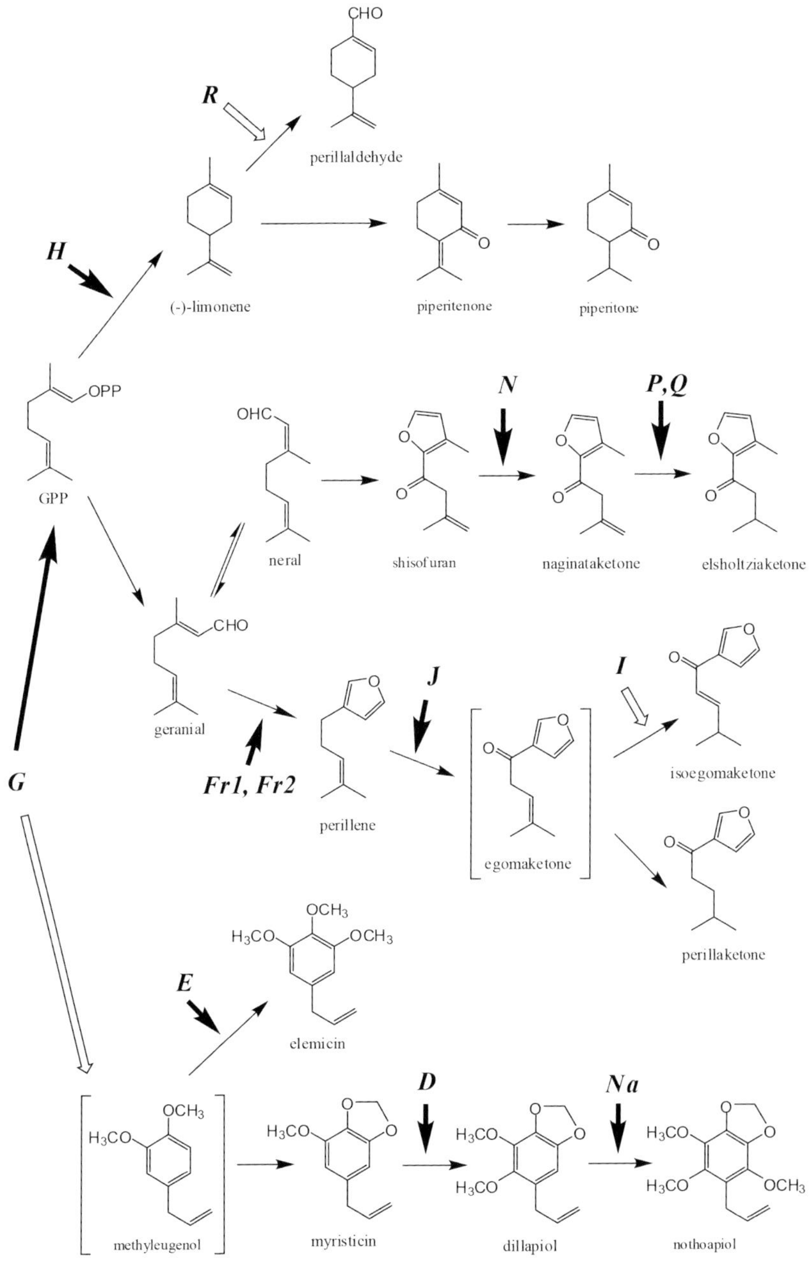

CHO

perillaldehyde

R

H

(-)-limonene

piperitenone

piperitone

OPP

GPP

OHC

neral

N

shisofuran

naginataketone

P,Q

elsholtziaketone

CHO

geranial

Fr1, Fr2

perillene

J

egomaketone

I

isoegomaketone

perillaketone

G

OCH₃

H₃CO OCH₃

elemicin

E

OCH₃

H₃CO

methyleugenol

H₃CO O

myristicin

D

H₃CO O

H₃CO

dillapiol

Na

H₃CO O

H₃CO OCH₃

nothoapiol

図61 シソ属植物の精油成分の生合成経路

④茎に長毛：レモンエゴマの毛は短毛、シソ・エゴマでは長毛である

⑤精油成分生合成の H 遺伝子を有する：シソにあってレモンエゴマに無い精油型は PA 型のみである。この違いは、リモネンなどシクロヘキセン（cyclohexene）環化合物の合成能を有するか否かの違いである。

なお、日本産の他の野生種のトラノオジソとセトエゴマは、いずれも起原種ではない。そのことは、人工複２倍体作成の実験結果から明らかである。また、台湾で採集したレモンエゴマも、形態的に明らかにレモンエゴマと同じであり、③④の特徴が合わない。

以上のことから、もし BB 種が現存しているとすれば、それは台湾を含む長江流域以南の地であろう。各地の標本館の調査からは、大陸部にはまだ未確定の種（species）が存在することが明らかである。それら可能性のある候補種を採取し、記載し、レモンエゴマとの交雑を経て、人工複２倍体を作ることが実験的証明となる。

ちょっと脇道16　セトエゴマは絶滅危惧種

セトエゴマは分布域も限られているが、筆者が採集し得た地でも、個体数も少なかった。現在、徳島県と京都府で絶滅危惧種（それぞれ I 類と II 類）に指定されている。

レモンエゴマ、トラノオジソ、セトエゴマの野生種３種を比べると、レモンエゴマは分布域が広く、集団の分布密度や集団あたりの個体数も多い。トラノオジソは、分布域はレモンエゴマとほぼ重なるが、集団の分布はかなり限定的で、海浜部近くに見られる傾向がある。セトエゴマは、この３者の中で最も生態系に影響されやすく、見た目にも自然がよく保たれている場所に生育している。

お わ り に

　これまで述べてきたように、かなりの歳月をかけて、ようやくシソとエゴマの特徴とされる形質の遺伝制御の全体像が概観できるようになってきた。

　しかしながら、詳細に見てみると、まだまだ詰めるべきところがあるように思う。色素や精油成分の生合成や、形態学的特徴などの発現において、相異なる制御の仕方をする遺伝子の存在が見え隠れする。例えば、色素に関する遺伝様式で言えば、アカジソとアオジソの遺伝的制御も単純ではない。一応、**A**、**B**、**K** という３個の遺伝子で説明されるが、がく、花弁、あるいは苞での色素の遺伝様式がすべて説明できるのかどうかは未解析である。葉とは言っても、それはのっぺらぼうではなく、器官分化や組織分化があって、葉肉部と葉脈部とでは同じではない。**aabb** 型の葉においても、少量の色素発現が葉肉部に認められ、葉脈部ではこの現象はほとんどないことが分かっている。また、精油成分の生合成の制御は、葉とがくとでは同じではないことが示されたが、葉と茎で違いはないのか？　また、シソの精油成分は主に葉の裏面に分布する腺鱗で生成・蓄積されるが、茎や葉脈にある腺毛も同じ機能を持ち、同じ制御をしているのかどうか？　などである。

　育種の視点から言えば、本研究の結果を足がかりにすれば、望む形質を兼ね備えた新しい系統や品種の開発が可能であろう。その際にはこれまでの研究過程で固定され、育種されてきた、様々な変異体や遺伝子型が、大きな役割を担うはずである。

　また、当初、遺伝解析の進展を阻んでいたかのように見えたレモンエゴマは、視点を変えることで、日本産シソ属野生種の再検討という新しい扉を開ける鍵となった。セトエゴマの発見やシソの起源を探るという楽しい課題は、研究の逍遥の大切さを教えてくれているように思える。

謝　辞

　材料の収集や交配実験のご指導を頂いた阪本寧男京都大学名誉教授、故田畑守京都大学名誉教授、セトエゴマの記載に助言賜った故山崎敬東京大学名誉教授に御礼申し上げます。また、この小著に記された内容の多くは、共同実験者の肥塚靖彦、西沢敦司、弓場亜紀子、伊藤美千穂の４博士による努力の結果であり、その他にも多くの学生諸氏の協力を得ました。本来なら一人ひとりの御名前を挙げなければならないが、省略させていただきました。さらに、各地の標本館、現地調査に協力された内外の多くの方々にも併せて感謝申し上げます。

参考文献

1）永井威三郎『農業及び園芸』**10**, 2265–2273（1935）

2）近藤薫『薬学雑誌』**51**, 254（1931）

3）Watanabe S., Sakamura S., Obata Y., *Agric. Biol. Chem.* **30**, 420 (1966)

4）Kondo T., Tamura H., Yoshida K., Goto T., *J. Agric. Biol. Chem.*, **53**, 797–800 (1989)

5）Koezuka Y., Honda G., Sakamoto S., Tabata M., *Jap.J. Pharmacog.*, **39**, 228–231 (1985)

6）本多義昭、古賀健二郎、肥塚靖彦、田端守『生薬学雑誌』**38**, 127-130（1984）

7）Kasuya, S., Goto, C., Koga, K., Ohmoto H., Kagei N., Honda G., *Jpn. J. Parasitol.*, **39**, 220–225 (1990)

8）Honda G., Koezuka Y., Tabata M., *Chem. Pharm. Bull.*, **36**, 3153–3155 (1988)

9）a）伊東宏『生薬学雑誌』**18**, 24（1964）、b）『生薬学雑誌』**18**, 58（1964）、c）『薬学雑誌』**84**, 1123（1964）d）『生薬学雑誌』**20**, 73（1966）、e）『生薬学雑誌』**22**, 151（1968）

10）伊東宏『薬学雑誌』**90**, 883-892（1970）

11）長尾弓郎、小宮威弥、藤岡章二、松岡敏郎『武田研究所年報』**33**, 111-118（1974）

12）肥塚靖彦、本多義昭、田端守『生薬学雑誌』**38**, 238-242（1984）

13）Koezuka Y., Honda G., Tabata M., *Phytochemistry*, **25**, 859–863 (1986)

14）Nishizawa A., Honda G., Tabata M., *Biochem. Gen.*, **29**, 43–47 (1991)

15）Koezuka Y., Honda G., Tabata M., *Phytochemistry*, **25**, 2656–2657 (1986)

16）Koezuka Y., Honda G., Tabata M., *Phytochemistry*, **25**, 2085–2087 (1986)

17）Nishizawa A., Honda G., Tabata M., *Phytochemistry*, **29**, 2873–2875 (1990)

18）Honda G., Yuba A, Nishizawa A., Tabata M., *Biochem. Gen.*, **32**, 155–159

(1994)

19) Yuba A., Honda G., Koezuka Y., Tabata M., *Biochem. Genet.*, **33**, 341–348 (1995)

20) Yuba A., Yazaki K., Tabata M., Honda G., Croteau R., *Arch. Biochem. Biophys.*, **332**, 280–287 (1996)

21) 弓場亜紀子、本多義昭、水越恒夫、田端守『生薬学雑誌』**46**, 257–260 （1992）

22) a) Yoshida T., Azuma F., Inokuma S., *Jpn. J. Crop Sci.* **37**, 118 (1968), b) Yoshida T., Morisada S., Kameoka K., *Jpn. J. Crop Sci.* **38**, 333 (1969)

23) Nishizawa A., Honda G., Kobayashi Y., Tabata M., *Planta Medica*, **58**, 188–191 (1992)

24) 西沢敦司、本多義昭、田端守『生薬学雑誌』**45**, 227–231 （1991）

25) Honda G., Koezuka Y., Tabata M., *Japan. J. Breed.*, **40**, 469–474 (1990)

26) Feng Y., Zhu Z., Chen H., *Chin. J. Pharm. Anal.*, **3**, 129–136 (1983)

27) 北村四郎、村田源、堀勝「Perilla」『原色日本植物図鑑（合弁花類)』P. 172、保育社、大阪 （1957）

28) 大井次三郎「Perilla」『日本植物誌』改訂版、pp. 1168–1169、至文堂、東京 （1978）

29) Makino T., *Bot. Mag. Tokyo*, **28**, 180–181 (1914)

30) Nakai T., *Bot. Mag. Tokyo*, **31**, 285–286 (1917)

31) Honda G., Yuba A., Kojima T., Tabata M., *Natural Medicines*, **48**, 185–190 (1994)

32) Ito M., Toyota M., Nakano Y., Kiuchi F., Honda G., *J. Essent. Oil Res.* **11**, 669–672 (1999)

33) Ito M., Toyoda M., Honda G., *Natural Medicines*, **53**, 118–122 (1999)

34) Ito M., Honda G., *Natural Medicines*, **53**, 123–129 (1999)

35) Honda G., Yuba A., Ito M., Tabata M., *J. Japan. Bot.*, **71**, 39–43 (1996)

36) Ito M., Honda G., *J. Phytogeogr. & Taxon.* **44**, 43–52 (1996)

37) Ito M., Kato H., Oka Y., Honda G., *Natural Medicines*, **53**, 248–252 (1998)

38) Ito M., Kiuchi F., Yang L. L., Honda G., *Biol. Pharm. Bull.*, **23**, 359–362

(2000)

39) Ito M., Toyoda M., Yuba A., Honda G., *Biol. Pharm. Bull.*, **22**, 598–601 (1999)

40) Ito M., Toyoda M., Nakano Y., Kiuchi F., Honda G., *J. Essent. Oil Res.* **11**, 669–672 (1999)

41) Ito M., Toyoda M., Kamakura S., Honda G., *J. Essent. Oil Res.* **14**, 416–419 (2002)

42) Ito M., Honda G., Sydara K., *J. Nat. Med.* **62**, 251–258 (2008)

図表説明

〈図1　シソとエゴマの花穂〉

〈表1　シソとエゴマの特徴〉

〈図2　シソとエゴマの茎の毛〉

〈図3　シソの腺鱗〉

〈図4　シソの花〉

〈図5　シソの分果〉

〈図6　エゴマ分果の解剖図（近藤萬太郎、1934)〉

〈図7　シソとエゴマの交配（永井威三郎、1935)〉

〈図8　京都大原での栽培の様子〉

〈図9　袋かけによる自殖〉

〈図10　マロニルシソニンとシソニン（破線より右の部分)〉

〈図11　アオジソ（No. 1、左上)、アカジソ（No. 32、左下)、と両者
　　　　のF1雑種（右)〉

〈図12　アオジソ×アカジソの雑種第2世代F2の分離〉

〈表2　アオジソ（No. 1)×アカジソ（No. 3)の雑種第2世代F2の分
　　　　離〉

〈図13　茎赤のアオジソ〉

〈図14　アカジソ×アオジソの交配実験結果の説明〉

〈図15　カタメンジソ No. 63〉

〈図16　カタメンジソ（本草図譜、1830)〉

〈表3　エゴマ×アカジソからのカタメンジソの発現〉

〈図17　シソ、エゴマの精油型と主精油成分〉

〈表4　シソ、エゴマの精油型と成分組成〉

〈表5　異なる精油型間の交配と雑種第2世代F2の分離〉

〈図18　精油型生成の遺伝子支配図〉

〈表6　精油型と遺伝子型の関係〉

〈図19　EK型における遺伝子 P、Q の支配部位〉

〈図20　PK 型における遺伝子 *I* の支配部位〉

〈図21　PP 型における遺伝子 *D*、*E* の支配部位〉

〈図22　ペリレン（PL）型生成における遺伝子 *J* の支配部位〉

〈図23　シトラール型生成における遺伝子 *Fr1*、*Fr2* の支配部位〉

〈図24　レモンジソ〉

〈図25　シソ、エゴマの精油成分の生合成経路〉

〈表7　主な系統の精油型と遺伝子型〉

〈表8　シソ、エゴマの葉とがくの精油成分〉

〈表9　シソ、No. 9系統と No. 1系統の各部位の精油成分〉

〈図26　変異系統 No. 1834と通常系統 No. 63の本葉第 2 葉における腺鱗の分布（半葉）〉

〈表10　変異系統 No. 1834と通常系統の腺鱗数と精油含量について〉

〈図27　腺鱗形成能の遺伝解析〉

〈図28　変異系統 No. 1834を用いたスクロースの精油成分への取り込み実験〉

〈図29　ちぢみ指数 CLI の測定〉

〈図30　葉位によるちぢみ指数の変化〉

〈図31　チリメン葉の遺伝解析〉

〈図32　分果の硬さの測定法〉

〈図33　分果の硬さの遺伝解析〉

〈表11　F2世代における分果の硬軟の分離〉

〈図34　分果の色調の遺伝〉

〈図35　シソ（A）、エゴマ（B）の分果の解剖図〉

〈図36　軟実・褐色系統（No. 8）と硬実・白色系統（No. 11）の分果の横断面〉

〈図37　分果の硬さと石細胞層の厚さとの関係〉

〈図38　レモンエゴマ（右下）とシソとの雑種植物（左上)〉

〈表12　日本産シソ属植物の分類学的取り扱い〉

〈図39　レモンエゴマ〉

〈図40　レモンエゴマの分布〉

〈図41　レモンエゴマ（A、2n ＝ 20）とシソ（B、2n ＝ 40）の体細胞分裂像〉

〈図42　シソとレモンエゴマの F1 雑種の染色体〉

〈図43　レモンエゴマとシソ、エゴマの関係〉

〈図44　トラノオジソ〉

〈図45　トラノオジソの分布〉

〈図46　セトエゴマ〉

〈図47　セトエゴマの分布〉

〈図48　シソフランの生合成経路〉

〈図49　野生種 3 種間の F1 雑種〉

〈図50　野生種 3 種とその種間雑種の自殖稔性〉

〈図51　レモンエゴマ×セトエゴマの種間雑種 No. 5123 の結実の様子〉

〈図52　人工複 2 倍体 3 種〉

〈表13　日本産シソ属植物の検索表〉

〈図53　日本産 5 種の RFLP 分析〉

〈図54　RAPD 分析による日本産シソ属 5 種の類縁関係〉

〈図55　レモンエゴマ（台湾宜蘭市郊外）〉

〈図56　リモネンからペリルアルデヒドとピペリトンへの枝分かれ経路〉

〈図57　ノトアピオールの生合成経路〉

〈図58　生野菜に使われるシソ（ホーチミン市）〉

〈図59　ラオス北部で栽培されるエゴマ〉

〈図60　ピペリテノンの生合成経路〉

〈表14　シクロヘキセン環をもつ精油型間の遺伝解析〉

〈図61　シソ属植物の精油成分の生合成経路〉

本多　義昭（ほんだ　ぎしょう）

1943年滋賀県生まれ。京都大学薬学部卒業。薬学博士。京都大学教授、薬学部附属薬用植物園長を経て、2007年京都大学名誉教授。その後、姫路獨協大学薬学部教授、薬学部長、学長。2019年姫路獨協大学名誉教授。研究分野は生薬学。著書は、『ハーブスパイス漢方薬 ― シルクロードくすり往来 ―』（丸善）。"Towards Natural Medicine Research in the 21th Century"（共著、Elsevier）、"Herb Drugs and Herbalists in the Middle East"（東京外国語大AA研）ほか。

シソ・エゴマからセトエゴマへ

2019年12月15日　初版第1刷発行

著　　　者　本多義昭
発　行　者　中田典昭
発　行　所　東京図書出版
発行発売　株式会社 リフレ出版
　　　　　　〒113-0021　東京都文京区本駒込 3-10-4
　　　　　　電話 (03)3823-9171　FAX 0120-41-8080
印　　　刷　株式会社 ブレイン

© Gisho Honda
ISBN978-4-86641-293-1 C0045
Printed in Japan 2019
落丁・乱丁はお取替えいたします。

ご意見、ご感想をお寄せ下さい。

[宛先] 〒113-0021　東京都文京区本駒込 3-10-4
　　　　東京図書出版